山西省社会科学界联合会2024至2025年度重点课题"'双碳'目标背景下山西省耕地生态补偿机制研究"（SSKLZDKT2024202）

山西省高等学校科技创新计划（哲学社会科学）项目"基于数字普惠金融视角的'双碳'目标背景下山西省农业碳减排研究"（2024W214）

山西工学院2024年教育教学改革项目"基于OBE理念的计量经济学课程混合式教学改革研究"

生态保护红线区草原生态补偿机制重构研究

——以锡林郭勒为例

杨 莉◎著

中国财经出版传媒集团

经济科学出版社

Economic Science Press

·北京·

图书在版编目（CIP）数据

生态保护红线区草原生态补偿机制重构研究 ： 以锡林郭勒为例／杨莉著． -- 北京 ： 经济科学出版社，2025.3. -- ISBN 978 - 7 - 5218 - 6672 - 8

Ⅰ. S812. 29

中国国家版本馆 CIP 数据核字第 20258JK580 号

责任编辑：周国强
责任校对：刘　娅
责任印制：张佳裕

生态保护红线区草原生态补偿机制重构研究
——以锡林郭勒为例
SHENGTAI BAOHU HONGXIANQU CAOYUAN SHENGTAI
BUCHANG JIZHI CHONGGOU YANJIU
——YI XILINGUOLE WEILI
杨　莉　著

经济科学出版社出版、发行　新华书店经销
社址：北京市海淀区阜成路甲 28 号　邮编：100142
总编部电话：010 - 88191217　发行部电话：010 - 88191522
网址：www. esp. com. cn
电子邮箱：esp@ esp. com. cn
天猫网店：经济科学出版社旗舰店
网址：http：//jjkxcbs. tmall. com
北京季蜂印刷有限公司印装
710 × 1000　16 开　11. 25 印张　170000 字
2025 年 3 月第 1 版　2025 年 3 月第 1 次印刷
ISBN 978 - 7 - 5218 - 6672 - 8　定价：78. 00 元

前　言

　　草原是地球上面积第二大的绿色覆被层，约占全球陆地面积的24%。作为中国生态系统的重要组成部分，草原在维护国家生态安全、保育生态服务功能与支撑经济发展等方面发挥着重要的作用。从20世纪70年代末开始，中央和内蒙古自治区政府为了实现保护草原生态的目标，制定实施了退牧还草、草原生态补助奖励、京津冀风沙源治理等一系列生态环境工程。随着政策的实施与完善，人、草、畜为生命共同体的生态文明观念深入人心，草原植被盖度在局部区域也有所提高，草场的放牧压力得到了一定的缓解。但是从目前情况来看，由于补偿金额与草原潜在的实际生态价值出现较大偏离、补偿方式单一、监督管理机制弱等突出问题，草原生态治理没有充分达到政策目标。全国90%的天然草原中度和重度退化面积仍然占总面积的1/3以上，草原生态环境恶化的趋势仍然没有得到根本性的扭转。需要采取更加严格的生态保护措施，构建新的生态安全格局，来协调生态保护与经济发展过程中的矛盾与冲突。基于此，国家提出了生态保护红线政策，它是指在特定生态空间范围内，对具有特殊重要的生态功能的区域，实施更严格保护的政策。提出生态保护红线本身不是目的，守住红线才是关键，红线区生态系统服务功能的不可复制性与不可逆性也决定了生态补偿的必要性。近年来，学术界关于生态补偿政策研究很多，对草原生态补偿标准、补偿方式、补偿机制等进行了大量的研究，但由于生态保护红线涉及的范围广、类型复杂，红线区的草原生态补偿机制如何重构关注不足，表现在：第一，缺乏基于牧民视角，对生态保护红线区主导的生态系统服务价值的认知，以及受偿意愿的研究；第二，生态保护红线政策实施的过程中，牧民的能力会引起其对补偿方式偏好的问题；第三，红线区草原生态补偿如何监督管理，是影响政策有效落地的关键环节。因此，生态保护红线区草原生态补偿机制重构的研究具有重要意义。

基于上述背景，本书回答了两个问题：第一，生态保护红线区为什么要进行生态补偿；第二，如何重构生态保护红线区的草原生态补偿机制。本书以内蒙古锡林郭勒盟划定的生态保护红线管控面积占行政区域面积较大的三个旗县为例，以"生态保护红线区草原主导的生态系统服务价值和牧民受偿意愿"视角，对补偿标准进行了测算。从"牧民偏好"视角对补偿方式确定进行了研究，从"激励约束"视角对利益相关者之间的利益协调进行了分析。按照"生态保护红线区草原主导的生态服务功能价值测算补什么、确定补偿标准补多少、补偿方式，界定了利益相关者的权利和义务，根据与政府部门领导座谈、入户调研的数据，从红线区草原生态补偿标准的确定开始展开研究，提出划定生态保护红线后，既能满足牧民受偿期望，同时考虑红线内的生态功能服务价值的价值补偿标准。提出生态保护红线划定后，根据牧民的不同能力，研究牧民对补偿方式的偏好，满足牧民的补偿需求。界定了主要利益相关者的权、责、利。基于此，本书提出了生态保护区红线划定后，草原生态补偿机制重构的路径，进而提出了生态保护红线区补偿机制重构的措施建议。本书的主要研究内容和结论如下：

（1）关于生态保护红线区草原生态补偿标准的测算。根据目前锡林郭勒盟生态保护红线划定的情况，以红线管控面积占区域面积较大的三个旗县（正蓝旗、苏尼特左旗、东乌珠穆沁旗）为例，根据生态保护红线区草原主导的生态系统服务有水源涵养、防风固沙，运用草地生态服务功能计算模型，进行了以上指标的物质量和价值量的核算。研究结果表明，2018年正蓝旗水源空间分布，从西向东，从北向南逐渐增加，东部的赛音呼都噶苏木和桑根达来镇、南部的上都镇涵养水源量较高，全旗因草原防风固沙减少草地退化的面积的总价值 13660 万元。苏尼特左旗不同的草原类型减少风蚀土壤损失量不同，但是近几年，苏尼特左旗减少风蚀土壤损失量无论是从总量看，还是从不同草原类型，不同苏木（镇）看，近几年的变化不大。各个苏木镇的生态功能价值量相对比较均衡，最高的是巴彦乌拉镇。2018 年，草原减少风蚀土壤损失总量达到 1.42 亿吨，生态功能价值总量为 28.37 亿元。东乌珠穆沁旗草原减少风蚀土壤损失量无论是总量还是不同草原类型，不同苏木（镇），近几年的变化不大，全旗的防风固沙能力表现出从南向北逐渐增加趋势，各苏木镇减少草原退化的价值最高的是萨麦苏木，最低的是宝格达山林场。2018 年，全旗防风固沙能力为 121.5 亿吨，防风固沙功能的价值为 5.89 亿元。① 除了考虑防风固沙生态保护红线和水源涵养生态保护红线价值，通过有序多分类方法，分析牧民对红线区生态补偿的认识，利用 CVM 法和 Tobit 法进一步探讨了牧民的受偿意愿以及受偿意愿额度的影响因素。研究结果表明，91.1% 牧民愿意得到补偿，家庭规模、年平均收入、自有草地面积、牧民对生态保护红线的重要性的认知都对红线区的补偿有显著的影响。通过条件价值评估中的支付卡式方法和模型法，得出牧民的受偿意愿是 21 元/亩。根据主导的生态功能和生态保护红线面积对红线内的生态补偿金进行了修正，三个旗县中，正蓝旗的补偿资金为 2.14 亿元，苏尼特左旗的补偿资金为 8.5 亿元，东乌珠穆沁旗的补偿资金是 11.9 亿元。

（2）生态保护红线区牧民对补偿方式的偏好。基于当前补偿方式单一，牧民对补偿方式的偏好和其能力有较大的关系，本章采用了结构方程模型，分析了不同能力的牧民对补偿方式的选择。研究结果表明，人力资本对牧户所有的草地补偿方式（资金类补偿、社会类补偿、实物类补偿）具有显著的影响，相比较而言，其中人力资本对资金补偿方式、社会补偿方式和

---

① 翟琼. 草原自然资源资产负债表编制理论与实践——以内蒙古锡林郭勒盟为例［M］. 呼和浩特：内蒙古人民出版社，2018.

实物补偿方式的标准化路径系数分别为：-0.067，-0.618 和 0.893，这说明人力资本对资金补偿方式影响较小，与社会补偿方式选择呈负相关，与实物补偿方式呈正相关，较高的人力资本水平使牧民更加关注草地质量建设，在补偿方式上更倾向于实物补偿。物质资本对牧民的草地资金补偿方式的标准化路径系数是 0.802，这表明物质资本越多的牧民，更倾向于通过资金补偿方式来积累更多的物质资本；社会资本对牧民资金补偿方式和社会补偿方式具有显著的影响，其对资金补偿方式的标准化路径系数为 -0.767，对社会类补偿方式的标准化路径系数为 0.708，即对现有的社会化服务满意以及草地生态保护补偿满意的牧民，牧民不会偏向于资金补偿方式，单一的资金补偿只能维持最低的生活支出，牧民更倾向于社会类补偿方式。

（3）生态保护红线区的监管和约束机制。在此基础上，本章首先界定了主要利益相关者的"权责利"，从微观上探讨了牧民和地方政府的初始博弈，又从宏观上探讨了引入中央政府激励约束机制之后的三方博弈。研究结果表明：与双方博弈相比，三方博弈对彼此的行为干预更强，若牧民和地方政府有一方不履行自己的义务，中央政府给予惩罚，这样对双方都有约束，更能激发双方保护生态的积极性，同时，对于地方政府和牧民进行二者博弈时，地方政府给予牧民的补偿是有限的，中央政府参与后，通过提供政府的纵向、横向资金支持来提高补偿标准，加强内外部监督，促进双方之间的合作。

（4）在测算出生态保护红线区的补偿标准，研究了补偿方式和监管约束机制的基础上，对生态保护红线区的补偿主体进行了研究。提出了在不降低生态系统服务的基础上，多渠道提升牧民福祉；加强生态保护红线区的监测管控等激励机制，为红线区草原生态补偿机制重构提供了现实依据。

目　　录

第 1 章

引　言

1.1　研究背景与研究意义

1.1.1　研究背景

草原是陆地上重要的生态系统，在建设北方生态安全屏障中具有重要的地位。中国作为草原大国，目前拥有各类草原近 4 亿公顷，占世界草原总面积的 13%，占中国国土面积的 41.7%，不仅对陆地生态系统格局、功能等起到重要的作用，而且是保证牧民生计的物质基础（艾伟强、马林，2017）。因此，如何实现草原环境向好与牧民生活得到保障是草原牧区可持续发展关注的重点。一直以来，虽然国家和内蒙古自治区政府实施了退牧还草、草原生态保护补助奖励、京津冀风沙源治理等一系列生态保护政策，取得了一定的成效，局部区域好转，但是随着经济的发展、气候的变化以及人们对资源利用方式的改变、有限的资源日趋减少，使与其关联的生态系统服务的数量和质量也发生了变化（Gunawardhana, Kazama & Kawagoe, 2011；刘珍环等，2011），草原生态系统质量偏差的整体恶化的趋势没有得到根本性的改变，潜在的生态风险依然严重（Guo et al., 2018）。已有关于生态演变轨迹的研究分析表明，1980～2005 年内蒙古自治区的自然资源承载力的盈余率由178%下降到16%，2015年的总体超载率达到37%，据预测，若不加强生态保护建设，到2030年未退化草地将不足30%①，因此，为了解决经济增长中出现的环境保护问题，急需采取更加有效的手段。

对此，为了更好地实现草原生态保护，国家出台了生态保护红线政策，它是生态环境保护中一项重要的制度创新。它是指在生态空间范围内具有特殊重要生态功能、必须强制性严格保护的区域，是保障和维护国家生态安全的底线和生命线。2011年在国务院颁布的《国务院关于加强环境保护重点工作的意见》文件中，生态保护红线首次被提出，这意味着人们必须重视生态环境的保护，促使人们开始更加关注资源的浪费和环境的破坏问题。党的十八届三中全会明确提出"划定生态红线"，并指出它是推动生态文明建设的重要制度，有必要将它纳入其中，突出强调保护生态的重要性，这也表明推动生态保护红线工作的进行，是环境保护工作内容中必须实施的项目。2014年在《中华人民共和国环境保护法》文件修订后，里面正式提到了生态保护红线，这也是确立生态保护红线定位的标志性的文件。2017年2月，中共中央办公厅、国务院办公厅印发了《关于划定并严守生态保护红线的若干意见》，正式界定了生态保护红线的定义，并且从事前、事中、事后三个方面对生态保护红线的落地进行了详细介绍，这个文件也为学者们研究生态保护红线提供了重要的理论参考。2018年，《中共中央国务院关于全面加强生态环境保护坚决打好污染防治攻坚战的意见》明确提出，根据划定和保护并重原则，以系统性、整体性的角度，一方面维持生态系统的稳定，另一方面确保政策的顺利实施。这是继严守耕地红线、把控城市边界线后，又一条被提高到国家层面的"生命线"，它是一项严格的生态保护制度，为了更加有效地发挥其作用，一系列相关的配套措施必须作为重要的因素，予以考虑，从而解决经济发展和生态保护的矛盾。2019年，《中共中央 国务院关于建立国土空间规划体系并监督实施的若干

---

① 内蒙古自治区研究室. 国家北方生态安全屏障综合试验区建设研究［M］. 北京：中国发展出版社，2019.

意见》中，进一步强调了要在资源环境承载力和国土空间开发适宜性评价的基础上，来实现生态保护红线的顺利落地，为了进一步实现可持续发展的目标，加快构建天地一体，信息共享的生态监测网络。一系列关于生态保护红线政策的出台意味着它是遏制生态环境恶化、维护生态安全格局的一种重要途径，生态保护红线工作已经不仅仅是区域生态管理的问题了，更重要的是，它是基于国家生态保护战略高度，从顶层设计的方面说明了保护生态环境刻不容缓。目前，中国大力推进生态文明制度的同时，生态保护红线也被越来越多地提及。

内蒙古自治区是中国北方面积最大、种类最全的生态功能区，其中，草原和森林是两类最主要的生态系统，物种资源丰富，涵盖了除海洋以外的所有生态系统，涉及国家"两屏三带"生态安全格局的东北森林带、北方防沙带、黄土高原北缘，在国家生态安全屏障中具有重要的地位。2019 年，内蒙古的生态系统生产总值是区域生产总值的 2.6 倍，生态功能远远大于生产功能。同时，内蒙古也是祖国边疆少数民族地区，是我国向北方开放的重要桥头堡和"一带一路"重要节点，因此，保护和建设好内蒙古的生态环境，关系到全国的生态安全，全区于 2014 年启动生态保护红线划定工作，2016 年末初步确定了全区生态保护红线空间分布范围，根据划定结果，内蒙古生态保护红线划定面积为 60.79 万平方千米，约占全区面积的 51.39%，分为四大类 19 个生态保护红线片区。内蒙古由于草原生态条件、牧民家庭特征以及畜牧业生产方式等方面的异质性特征显著，难以获取稳健有效的政策干预信息，为此，预期以锡林郭勒盟划定的生态保护红线区为研究对象，锡林郭勒草原是内蒙古高原草原区的主体部分，它地处内蒙古高原中部，是华北地区重要的生态屏障，它划定的生态保护红线面积为 12.96 万平方千米，占该行政区面积的 63.97%。① 生态保护红线划定后，不仅仅是简单的划定，而是一方面允许人类合理活动，另一方面实行严格的保护。2017 年 2 月，中共中央

---

① 内蒙古自治区人民政府.内蒙古自治区生态保护红线划定方案（报批稿）[Z].2018.

办公厅、国务院办公厅印发的《关于划定并严守生态保护红线的若干意见》中，提出财政部会同有关部门加大对生态保护红线的支持力度，加快健全生态保护补偿制度，目前，中国关于草原生态补偿方面的研究颇多，而关于生态保护红线区草原生态的研究目前还处于探索阶段。2021 年 9 月 12 日，中共中央办公厅、国务院办公厅印发了文件《关于深化生态保护补偿制度改革的意见》，这是继 2016 年国务院办公厅发布的《关于健全生态保护补偿机制的意见》以来关于生态补偿的又一个重要的政策文件，该意见中也明确提到了生态保护红线，这为构建生态保护红线区的补偿机制提供了重要的参考。针对草原生态环境这种公共产品，红线区的牧民为了保护草原，需付出一定的代价，但是通过保护绿水青山，得到金山银山，可以实现一定的经济价值。因此，应该给予合理的生态补偿，它是协调利益相关者损益关系的重要手段，也是将外部生态环境效益内部化的有效措施。

由此可见，充分认识到良好的生态含有无穷的经济价值是非常必要的。目前，基于草原在生态屏障和国家安全中的重要性，划定生态保护红线后，要想守住红线，迫切需要在理论和方法上对生态红线区草原的生态补偿机制进行深入、系统的研究，这也是把内蒙古建成我国北方的生态安全屏障、坚定不移走绿色发展之路最紧迫的任务。

1.1.2 研究意义

从理论上看，目前对草原生态补偿方面的研究越来越多，通过梳理相关的资料，主要集中在补偿主客体、补偿标准、补偿方式等单方面或者多方面的研究，基于这种补助奖励的性质，很少能针对草原生态补偿后的"生态"起到作用，因此在划定生态保护红线后，结合现有的研究，把生态保护红线和生态补偿联系在一起，强调将主导的生态系统服务价值和微观个体的意愿结合进行综合性的补偿。同时重新界定了利益相关者的权利和义务（是什么）、生态保护红线内草原主导的生态服务功能价值测算

（补什么）、确定补偿标准（补多少）、补偿方式（如何补）等，为今后生态保护红线政策的有效落地提供了理论指导。

从实践上看，目前，中国在以政府为主导的生态补偿方面已经投入大量资金，然而在政策实施的过程中存在补偿标准与实际的生态价值出现较大偏离、补偿方式单一、监督激励机制薄弱等问题，削弱了补偿的效果。划定生态保护红线后，它作为重要的保护生态系统的措施，若红线区得不到一定的优惠政策，生态环境会继续恶化。因此，基于通过总结已有补偿政策的做法、效果、问题，重构补偿机制，对于真正发挥生态保护红线区草原生态补偿的效能具有重要的现实意义。

1.2 研究目标与内容

1.2.1 研究目标

生态保护红线区的基本草原，是生态系统服务和畜牧业产品供给的保障区，也是"绿水青山就是金山银山"理论的践行区，一直以来，一方面人们更加关注草原的生产价值，忽略了其生态价值，另一方面政府针对草原生态的补偿也是一种补助性质，草原退化没有得到根本性的遏制。因此，划定生态保护红线后，它作为一种更加严格的生态保护制度，如何对生态保护红线的牧民进行补偿，促使草原生态环境向好，是必须考虑的。为此，本书的总体目标是在对相关概念界定的基础上，以生态价值理论、外部性理论、"社会－经济－自然"复合生态系统论、博弈论等理论为指导，梳理生态保护红线政策的演进过程，综合了国内外生态补偿研究，和生态保护红线（以及类似概念）的相关研究理论，以锡林郭勒盟划定的生态保护红线区的基本草原为研究对象，分析其现实中存在的问题，并基于研究结论提出了重构草原生态补偿机制的政策建议。其中，具体目标为：

第一，考虑到现有草原生态补偿标准低，构建计量经济模型，通过测算红线区牧民受偿意愿值以及生态保护红线内草原主导的生态系统服务价值，为确定补偿标准提供依据。

第二，补偿对象在希望提高补偿标准的同时，也希望得到符合自身需求、具有可操作性的补偿方式，通过构建计量经济模型，基于"自下而上"的视角，对红线区牧民对补偿方式的偏好进行计量分析。

第三，基于提高补偿标准和分析牧民补偿方式偏好的实证分析结果，构建演化博弈模型，进一步从利益主体识别方面揭示补偿的内在逻辑关系，深入阐述生态补偿的监管问题，对监管作出分析和预测，来促进生态保护红线的实施。

1.2.2 研究内容

根据以上提出的研究背景、意义以及研究目标，本书共有九章，具体为：

第1章，引言。首先，根据目前草原生态保护的现实情况，介绍了划定生态保护红线的背景，提出了本书的研究目标、理论意义和实际意义；其次，介绍了本书的研究区域与数据来源；最后，提出本书的创新点。

第2章，文献综述。首先，全面梳理了生态保护红线的研究（生态保护红线的内涵、生态保护红线划定的研究、生态保护红线管控的研究），生态补偿的研究进展（生态补偿内涵、理论的研究、生态补偿机制中的核心要素、草原生态系统服务研究、草原生态补偿机制研究），以及本书所用的研究方法与相关应用；其次，根据已有文献的研究成果，提出了目前研究的空白，并指出了本书的研究意义。

第3章，理论分析及补偿机制重构框架。本章根据生态价值理论、外部性理论、公共产品理论、"社会－经济－自然"复合生态系统理论、博弈理论等，不仅厘清了其中的作用机理，而且指出了该理论对于本书研究的重要性，另外，对生态保护红线、生态补偿等相关概念进行了界定，为下一步的研究提供了理论基础。

第 4 章，锡林郭勒生态保护红线划定的实践及补偿情况。首先，梳理内蒙古生态保护红线划定情况，从经济社会效益情况、生态效益情况，分析了目前生态补偿实施的效果以及存在的问题；其次，根据目前锡林郭勒盟草原生态补偿现状，从社会经济效益情况、生态效益情况等方面来阐述生态补偿机制目前存在的问题；最后，基于此，提出生态保护红线区生态补偿的必要性，进而引出草原生态补偿机制重构的框架。

第 5 章，生态保护红线区草原生态补偿标准研究。首先，对牧民的个体特征以及牧民对生态环境的认识，以及对补偿标准的态度等进行描述性的统计分析；其次，测算正蓝旗、苏尼特左旗、东乌珠穆沁旗牧民的平均受偿意愿，通过实证牧民对受偿意愿的影响因素进行检验和分析；最后，通过获取的数据与资料，界定红线内主导的生态系统服务类型，测算其价值，为补偿标准的制定提供依据。

第 6 章，生态保护红线区草原生态补偿方式的牧民偏好分析。本章在已有补偿方式的基础上，进行文献梳理，研究发现牧民的能力与牧民对补偿方式的偏好具有较大的关系。因此，基于牧民视角，运用结构方程模型，选取人力资本、物质资本、社会资本来衡量牧民的能力，选取资金类补偿、社会类补偿、实物类补偿来概括牧民对补偿方式的选择，来寻求适合牧民的、具有可操作性的补偿方式。

第 7 章，生态保护红线区草原生态利益相关者分析：监督管理。首先，明晰了与生态保护红线划定、实施、管控相关的利益相关者；其次，梳理了生态补偿的逻辑理论关系，通过构建无中央政府的干预与引入中央政府的激励约束机制后的红线区生态补偿演化博弈模型，揭示生态补偿的内在机理，以及利益相关者的决策行为；最后，基于此提出生态保护红线划定后，需构建集补、奖、罚于一体的监管体系，进而完善监督管理机制。

第 8 章，生态保护红线区草原生态补偿机制重构路径。本章从三个方面介绍了重构路径的模式：一是丰富红线区的补偿主体，调整资金来源；二是以提高牧民的收入为纽带，加强政策宣传；三是完善法律制度，建立监管和绩效考核制度，提出了要重视"区域生态供体－受体（划定区域－关联区域）"的耦合，以及"保护－监管"的协调等模式。

第9章，结论与政策建议。根据本书的实证分析，得出主要研究结论，基于此，提出相关政策建议与目前的不足，并且指出了下一步需更加深入研究的内容。

1.3 研究区域与数据来源

1.3.1 研究区域

内蒙古占地辽阔，横跨五个自然带，自然资源丰富，不同的生态系统类型和自然资源在生物多样性维持、土壤保持、水源涵养、防风固沙、碳固定等方面发挥着重要的生态服务功能。目前，内蒙古草地资源总体呈现减少趋势，草地质量持续下降。根据《内蒙古自治区草原监测报告》，从20世纪70年代末到2018年，质量好的高覆盖度草地面积由25.7万平方千米减少到17.65万平方千米，减少了31.3%，质量较好的草地中覆盖度面积略有所增加，增加了10.1%，而质量偏差的低覆盖度草地面积（万平方千米）也略有所减少，减少了7.6%（见表1－1）。另外，牧户的人均净收入年际变化呈逐渐增加的趋势，从2000年的1786元到2018年为19967元，并且主要以家畜经营性收入为主（见图1－1）。

表1－1　　　　　　　内蒙古不同质量草原面积变化情况　　　　单位：万平方千米

草地健康等级	1980年	1990年	1995年	2000年	2005年	2010年	2015年	2018年
高覆盖度	25.7	25.6	25.3	24.6	24.5	24.5	24.4	17.7
中覆盖度	19.2	19.1	19.3	19.3	19.0	19.0	19.0	21.1
低覆盖度	11.0	10.7	11.0	11.0	11.1	11.4	11.1	10.2

资料来源：中国科学院资源环境科学数据中心。

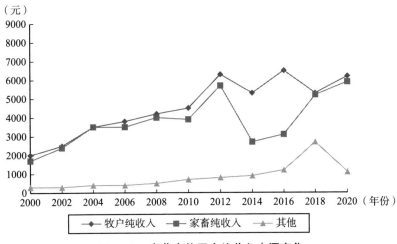

图 1-1 内蒙古牧区人均收入来源变化

资料来源：2001~2021 年历年《内蒙古统计年鉴》。

通过相关生态工程的实施，一定程度上改善了草原的生态环境，但是从草原监测报告以及调研中发现，仍存在一定的问题，长期过度放牧导致了草原生产力下降已成为事实，而草原退化与生产力的降低是相伴而生的，有相关研究报告显示，近 70 年来，内蒙古草原理论载畜量与实际家畜数量呈负相关变化关系，理论载畜量从 20 世纪 50 年代的 5800 万羊单位下降到 2012 年的 4420 万羊单位，而内蒙古全区草地载畜率从 1945 年的 0.1 羊单位/公顷增加到 2018 年的 1.2 羊单位/公顷（见图 1-2），实际载畜量远超各类型草原的理论载畜量，虽然有一定的饲草料做补充，但是草畜矛盾也越来越激烈。

锡林郭勒盟草原是内蒙古高原草原区的主体部分，乃至中国牧区问题的蓝本，自西向东依次分布着荒漠草原、沙地草原、典型草原、草甸草原等草原类型，它能够全面地反映内蒙古高原草原生态系统的结构、类型和生态过程，不仅是中国重要的绿色畜产品生产加工基地，也是京津冀等核心区域的天然生态屏障，对于保护全国的生态安全具有重要的作用。

（羊单位/公顷）

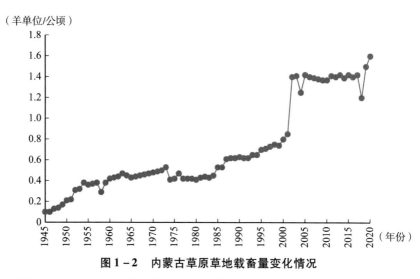

图 1 - 2　内蒙古草原草地载畜量变化情况

资料来源：1946～2021 年历年《内蒙古自治区草原监测报告》。

锡林郭勒盟在草原生态补奖政策实施的基础上，根据《内蒙古自治区草原监测报告》的统计结果，2011～2019 年全盟草原平均植被盖度为 45.26%、高度为 26.29 厘米、产草量为 57.9 公斤/亩，较 2000～2010 年平均值分别提高了 4.91 个百分点、0.46 厘米、18.32 千克/亩。另外，草地质量面积变化情况，如表 1 - 2 所示。

表 1 - 2　　　　　　　1980～2018 年草地质量面积变化情况　　　　　单位：平方千米

草地健康等级	1980 年	1995 年	2005 年	2015 年	2018 年
高覆盖度	96083.6	95770.3	94715.7	94038.6	60950.13
中覆盖度	58853.3	58702.8	56348.9	56404.9	91190.61
低覆盖度	20672.0	20740.4	22352.9	23439.6	24833.07

资料来源：中国科学院资源环境科学数据中心。

由表 1 - 2 中可知，锡林郭勒盟质量好的高覆盖度草地减少 36.57%，而中高覆盖度草地和质量偏差的低覆盖度草地面积分别增加了 54.95% 和 20.13%。即植被盖度局部区域有所提高，但是牧草质量仍然没有达到优质平衡状态，牧草鲜重降低的问题，极大影响了政策作用的发挥。

1.3.2 数据来源

本书以锡林郭勒盟生态保护红线划定的区域为研究区域，通过两次调研获得研究的数据。2020 年 9 月，笔者与内蒙古草原勘察设计院、内蒙古自然资源厅、锡林郭勒盟生态环境局等机构进行了访谈，以了解目前生态保护红线划定的情况以及目前草原生态补偿的基本情况，获取相关的数据资料，并且与一些牧民进行了沟通，了解他们对生态保护红线的认识。

2020 年 11 月，笔者和调研小团队进行了第二次调研，首先，基于第一次的预调研，本次调研选取锡林郭勒盟红线面积相对较大的三个旗县，分别是正蓝旗、东乌珠穆沁旗、苏尼特左旗，随机抽取 13 个苏木进行实地调研，总计 300 户牧民接受了问卷访谈，获取了牧民对生态保护红线的认识、对目前生态补偿的看法，以及对生态保护红线内生态补偿的认识，收集了一手的资料，同时，还与三个旗县的发展改革委、农牧和科技局、自然资源局、林草局等与生态保护红线、生态补偿相关的部门进行了访谈，听取他们对生态保护红线内补偿的认识和看法。其次，该研究中关于红线内草原主导生态系统服务价值核算的数据，来自中国科学院资源环境科学数据中心、内蒙古农牧科学院、内蒙古草原勘察规划院，其他相关数据来自统计年鉴以及相关的官网。

1.4　研究方法与技术路线

1.4.1　研究方法

（1）文献研究法。利用中国知网、Web of Science、Sciencedirect 等数据

库，检索和阅读国内外关于生态补偿（或者生态系统服务付费）、自然保护区等相关文献，了解学术界对于相关内容的最新研究进展，并且对现有文献的研究成果进行梳理，借助内蒙古自治区政府、内蒙古草原勘查规划院、内蒙古生态环境保护厅，以及锡林郭勒盟生态环境局、农牧业局、林业和草原局、统计局等，了解政策的实施情况和获取相关的数据资料，为本书的研究内容及方法提供参考。

（2）机构访谈法。通过与主要划定生态保护红线的政府部门、草原监测管理的政府部门等进行座谈、掌握目前的政策的实施情况，了解不同政府部门对生态保护红线实施的看法，以及对下一步优化草原生态补偿的意见，并收集相关数据和资料，为后面研究提供资料支撑。

（3）问卷调查法。目前国内外关于生态补偿标准核算没有统一的方法，在生态保护红线政策实施前，为真实地反映牧户受偿意愿，本书通过条件价值评估法（contingent valuation method，CVM），对锡林郭勒盟划定的生态红线占比较大的正蓝旗、苏尼特左旗、东乌珠穆沁旗进行入户调研，对生态保护红线内的牧民的需求进行调研，同时掌握了草原生态环境恶化的原因与认识、牧民对草原生态环境的认识以及对生态保护工程的建设意愿。

（4）计量分析法。首先，采用有序多分类 Logistic 方法条件分析了牧民对红线区补偿的认识，其次，采用条件价值评估法测算了牧民的受偿意愿值，再者，运用 Tobit 回归模型分析了牧民受偿意愿的影响因素，同时测算红线区基本草原主导的生态系统服务价值，在此基础上，为生态保护红线区补偿标准的确定提供基础。

（5）统计分析软件。SPSS 24、EViews 9.0、AMOS 21.0 对收集的数据进行处理与统计。

1.4.2　技术路线

本书研究技术路线，如图 1 - 3 所示。

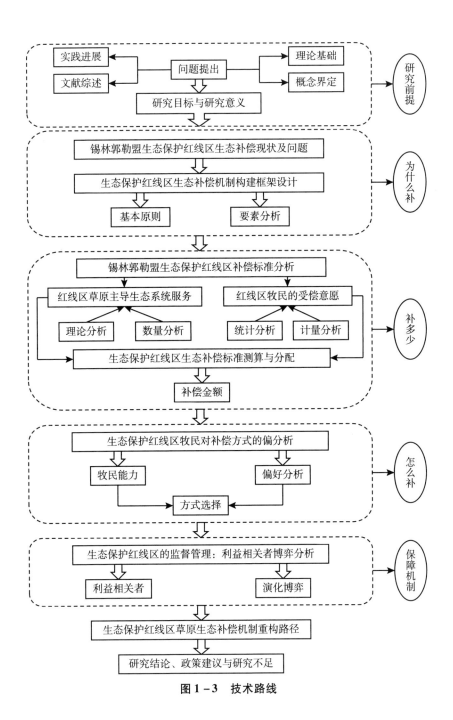

图 1 - 3 技术路线

1.5　本书创新之处

（1）研究内容的创新。生态保护红线的划定不是简单的生态保护，而是为了协调生态保护和经济发展的矛盾，目前生态补偿实践进程中，大多数研究仅仅是提出要尽快完善生态保护红线区的配套措施。基于此，本书通过实地调研和定量分析，对生态保护红线区生态补偿机制的关键要素进行了分析，对提高政策的效能具有积极的作用。

（2）研究视角的创新。目前，生态补偿机制中对补偿区域的生态学内容关注较少，本书将生态学和经济学的相关内容进行了结合，测算了锡林郭勒盟不同类型生态保护红线区主导生态服务价值和补偿标准，提出建立与人均收入增长需求及与物价上涨相协调的补偿标准递增机制，拓展了研究范围。

（3）在生态保护红线政策正式实施前，以生态保护红线区的牧民为研究对象，基于"自下而上"的视角探讨了牧民的补偿偏好，不仅仅是资金补偿，还需根据牧民的能力进行差异化、综合性的补偿，为了深度发挥生态保护红线的效用，提出了相关的措施。

第 2 章

文 献 综 述

2.1 生态保护红线的研究

2.1.1 生态保护红线政策的演进

生态保护红线的提出是中国生态文明建设进程中的一项重大的制度创新。2000 年，国务院颁布了文件《全国生态环境保护纲要》，从整体上对环境保护做出了明确规定，并且强调了国家重点生态功能区的管控、区域、类型等。广东省制定了《珠江三角洲环境保护规划纲要（2004—2020年)》，从红线、绿线、蓝线三个方面对生态环境的调控、提升、改善作出了明确的规定。2010 年 12 月，国务院印发了《全国主体功能区规划》，从国家层面出发，对主体功能区功能和战略定位进行了分析，并详细分析了限制开发区（农产品主产区和重点生态功能区）的发展方向，生态保护红线的概念初步形成。

在此基础上，2011年10月17日，国务院印发的《关于加强环境保护重点工作的意见》中，提到要加大生态保护力度，在国家编制的环境功能区划中，划定生态保护红线。2013年11月12日，党的十八届三中全会通过了《中共中央关于全面深化改革若干重大问题的决定》，提出了在深化改革的过程中，生态保护和经济发展应该同时进行，不能以牺牲环境为代价来追求经济的发展，为了更好地保护自然资源，划定生态保护红线后，资源需明确有偿使用、生态补偿作为配套措施，是必须考虑的因素。2015年9月21日，中共中央、国务院印发《生态文明体制改革总体方案》中，提出在资源开发的过程中，不仅应该严格完善国土开发的条件，而且应该对开发后的空间进行严格的管控，同时扩大到所有的自然生态空间。因此，划定生态保护红线后，不仅需要防止开发活动突破红线，而且严禁任意改变用途。2016年3月17日，中共中央、国务院印发《中华人民共和国国民经济和社会发展第十三个五年规划纲要》中，进一步着重强调了确保生态保护红线全国"一张图"，确保红线划定面积不减少、红线性质不改变，红线区的生态功能不降低等，构建安全、稳定的生态空间。2017年2月，中共中央办公厅、国务院办公厅印发了《关于划定并严守生态保护红线的若干意见》，对生态保护红线的划定、落地、实施的保障提出了具体的方案，为全国各个省市划定生态保护红线提供了理论基础；同年10月，党的十九大报告中提出"三区三线"，更加明确了生态空间中划定生态保护红线的具体划定工作。2018年6月，中共中央、国务院在文件《关于全面加强生态环境保护 坚决打好污染防治攻坚战的意见》中提出落实生态保护红线工作的同时，推动绿色生产、生态文明建设的进程。2019年在《关于在国土空间规划中统筹划定落实三条控制线的指导意见》中，强调仅允许对生态功能不造成破坏的有限人为活动，这是生态保护红线监管的"正面清单"。但是生态保护红线绝不是无人区，不能"画地为牢"。综上可知，党中央、国务院关于生态保护红线做出的一系列重大部署，具体如图2-1所示。

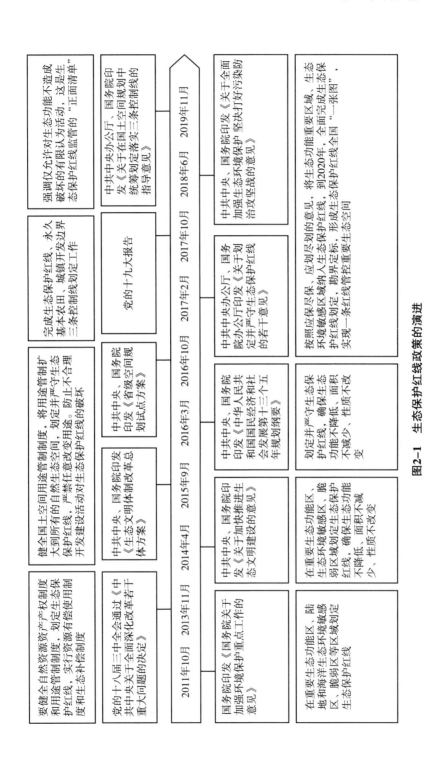

图2-1　生态保护红线政策的演进

2.1.2 生态保护红线内涵

"红线"最早起源于城市规划，最先开始以生态红线区和生态红线的形式出现，它是指包含重要生态功能区和生态环境脆弱、敏感区，应该实施严格保护的区域。目前，学术界关于生态保护红线概念没有统一的认识，国外也没有明确提出"生态保护红线"这一概念。高吉喜（2015）将它定义为一个空间范围，指在这个生态空间内，通过对生态功能重要性和生态功能脆弱性进行评估，进而维护生物多样性和生态空间的稳定性，它是必须实施严格保护的生态空间；邹长新等（2015）等认为生态保护红线是一条空间界线，应该具有不同的分类管控要求，它包含维持生态系统服务功能的实现、保障好人居环境安全、实现生物多样性三个方面。也有学者（李干杰，2014；王金南等，2014；袁端端，2014）认为生态保护红线是按照生态系统保障的要求，是要严格保护的空间边界和管控区域，这是继耕地红线和城市边界线，又一条被提到国家层面的"生命线"，不同的区域，对资源约束的条件不一样。郑华和欧阳志云（2014）则认为生态保护红线对维护国家生态安全与区域经济可持续发展、提升生态系统服务能力具有重要的作用，是必须严格保护的最小的空间，是区域经济发展的根本性保障。总体来看，生态保护红线划定的目的是保护区域内的生态安全，实施的过程中要建立更严格的保护制度，它与生态底线既有联系又有区别，在实现可持续发展方面，它是基本的生态底线，更加强调保护意识和实际行动的结合（苏同向、王浩，2015；万军等，2015；林勇等，2016）。此后，生态保护红线政策越来越多地被关注。2017 年《关于划定并严守生态保护红线的若干意见》中明确了生态保护红线的概念以及划定技术，并且从不同的层面对生态保护红线划定的范围以及落地后的管控做出了一系列的规定。相比之下，从空间角度保护生态环境和提高生态系统服务的研究方面来看，欧洲绿带、北美绿道网络、中美洲生态廊道、澳大利亚西南部生态连接带等大尺度生态廊道建设的研究与生态保护红线概念类似，对此，本书进行系统回顾与评述。

2.1.2.1 自然保护地

在生态环境保护的过程中，自然保护地在保障生态安全方面具有重要的作用，它是指对具有重要自然生态系统、重要价值的自然遗迹等进行长期保护的陆地或海域。中国的自然保护地体系大概经历了五个阶段：第一，1956～1966 年起步时期，在广东设立鼎湖山自然保护区；第二，1967～1978 年因为历史原因，处于发展缓慢期；第三，1979～1993 年，建章立制，颁布实施了《森林和野生动物类型自然保护区管理办法》，进入规范建设期；第四，1994～2007 年，自然保护区数量增长到 2531 处，进入快速发展期；第五，2015 年开展了国家公园体制试点，进入稳固提升时期。根据不完全统计，到 2018 年底，中国目前已经建立了自然保护区、风景名胜区、森林公园等各种类型的自然保护区超过 1.18 万个，约占陆地国土面积的 18%、领海的 4.1%。目前，对自然保护地进行了重新系统分类，分别是国家公园、自然保护区、自然公园三大类。其中，以国家公园为主体，主要保护重要生态系统原真性、生态过程的完整性；以自然保护区为基础，它是主要保护典型生态系统、珍稀濒危动植物物种的重要栖息地和重要自然遗迹；以自然公园为补充，主要保护自然地生态、观赏、文化和科学价值并适度利用。而世界自然保护联盟（IUCN）保护地体系分为七大类，分别如表 2－1 所示。

表 2－1   世界自然保护联盟（IUCN）保护地体系分类

IUCN 类别	描述
严格的自然保护地	严格保护地作为保护生物多样性、地质学或地貌学特征的区域，人类活动严格受到控制，并仅限于保育。可作为科学研究或环境监察不可缺少的参考区域

IUCN 类别	描述
荒野保护地	一大片被改动或只被轻微改动的区域，仍保留着天然特点及影响力，没有永久性或重大的人类居所，受保护或管理以保存其天然状态
国家公园	一大片自然或接近自然的区域，用于保护大尺度的生态学过程，保护物种和生态系统的完整性，并提供一个环境和人文和谐相融的精神、科学、教育、娱乐的参观平台
自然遗址	用于保护特殊的自然遗迹，常拥有一个或者多个独特天然或文化特点，而其特点是出众，或因其稀有性、代表性、美观素质或文化重要性而显得独有，通常面积较小，但是具有很高的参考价值
栖息地、物种管制区	目标是保护特定物种或栖息地，实现某些物种的需求
陆地景观及海洋景观保护地	人类与自然界的长期相处，使该区域具有较大的生态文化价值。该区域对于维持生态安全具有较大的意义
可持续利用保护地	该地区拥有天然的生态系统，较好的管制可以实现不同类型的生态系统服务持续输出

资料来源：《IUCN 自然保护地分类管理指南》及《IUCN 自然保护地治理指南》。

闵庆文和马楠（2017）认为生态保护红线与自然保护地都是生态文明建设进程中重要的环节，在概念与内涵上存在一定的交叉，自然保护地大致可以分为严格保护型、保护为主型、保护开发并重型。王应临和赵智聪（2020）认为生态保护红线与自然保护地存在两种模式：一种模式是包含模式；另一种模式是交错模式。而且交错模式更加能表现出生态保护红线和自然保护地两种体制在国土空间规划过程中的重要作用。

目前，关于自然保护地方面的研究，对生态保护红线的研究具有重要的借鉴意义，自然保护地体系不应该仅仅是生态空间或者生态保护红线区域内的子议题，而应在整个国土空间范围内，提供针对自然保护的有效制度、方法和网络管理。它们相互关联，共同的特征都是保护生态、保护自然，但是在划定的过程中，二者存在交叉重叠。

根据《国土空间规划统筹划定落实三条控制线的指导意见》综合考虑，生态保护红线内的自然保护地核心保护区原则上禁止人为活动，其他区域

允许国家的重大战略项目和八类有限的人为活动。综合划定如图 2 - 2
所示。

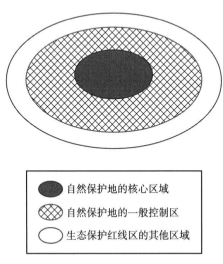

图 2 - 2 生态保护红线的综合划定

资料来源：环境生态网《国土空间规划：三条控制线怎么理解》。

2.1.2.2 生态网络

生态网络起源于欧美，它侧重于生物多样性的维护，是一种保护生物
可持续发展的网络化评估与监管策略，在目前生物保护地体系破碎化的情
况下，针对不同行政区划、不同的利益相关者制定不同策略，可以提供一
种"总 - 分"的模式（刘海龙，2009）。它是以物质要素为纽带，将保护
区以及相关的区域联系起来，实现土地的保护以及可持续利用的目标。欧
洲生态网络含有很多欧洲的自然资源，例如，荷兰国家的生态网络等
（Hess & Fischer，2001），都是在欧洲生态网络下实施严格的保护，在该区
域内实现生态保护的目标。在欧美的土地规划中，生态网络的管控方式不
是"一刀切"，它是以生物多样性的评估为前提，以实现保护土地的完整
化为目标，基于此，使用不同的模式对土地进行不同的限制和管理（Van

Selm，1988）。这样将土地网络元素空间化，不仅能够充分显现生物的特征，而且还能为制定管控策略提供依据。网络中心节点（核心区和缓冲区）是根据区域生态系统的完整性而确定的。这些区域使用内核方法，它是估计整个地区的密度分布，将在空间中的所有点获得的累积密度表面的生态网络进行分层、分类管理，其中对管护人员的管理职责的规定，可以借鉴到生态保护红线的监督管理措施中。生态网络是将碎片化的生态板块联结起来，通过容纳更多的物种来连接生态系统，对区域的物种保护提供了保障，其中，"绿道"作为构建生态网络的比较典型的方式（Ahern，1995），更加强调自然和人类的和谐相处（Biondi et al.，2012），在某种程度上，与生态保护红线划定的初始目标是一致的。胡炳旭等（2018）通过采用地理空间信息技术，构建了京津冀城市群的生态网络，为研究对象生态资源的保护和修复提供了重要的参考。

目前，以交叉学科为背景的前提，关于生态网络的研究方法和模型构建取得了重大的进展。在国外的研究中，有学者基于景观生态学的理论基础，根据绿道的规划，运用最小费用距离模型，架构了野生动物保护区和生态走廊的规模，从而根据生态系统安全格局的内容，获得重要的生态节点（Linehan，Gross & Finn，1995）。也有学者分别将景观格局指数、连接度评价指数、图论和网络分析等应用在生态网络的相关研究中，对生态网络的构建和连通性进行了分析，进而对生态网络中的要素进行了评估，从而为促进生物多样性的维护提供了有力的根据，并提出了优化的方向和措施（Pascual-Hortal & Saura，2006；Cook，2002；Zetterberg，Mörtberg & Balfors，2010）。类似于生态网络的研究，我国的相关研究以景观格局和绿地系统规划研究为主。吴未、郭杰和吴祖宜（2000）认为生态网络规划的过程中，人们更多地关注生态功能，相反，对生态效能的关注度较少，因此，在今后生态环境保护的过程中，应该更加关注生态效能。目前，在国内关于生态网络的构建研究越来越成熟，众多的学者采用最小费用路径法、分离度指数、连通性指数等方法，对生态网络进行了研究。例如，王海珍和张利权（2005）以厦门市为研究区域，采用分离度指数法和最小路径法构建了生态网络，同时还提出了生态廊道和生态斑块构建的方法，为厦门市的生态保护提供了可行的方案。卿凤婷和彭羽（2016）以北京顺义区为研究区域，基于最小费用模型法，定量模拟和分析了潜在的生态廊道，不仅对生态网络的优化提出了具体的建议，而且指出了构建多层次、复合型的生态廊道的措施；闫水玉、杨会会和王昕皓（2018）以重庆市的生态规划为研究对象，提出了通过"分析 - 评估 - 组织 - 辨识"四步法来构建生态网络，其中生态系统服务功能的评估是实现生态价值的重要保障；孙逊等（2013）从自然景观保护与恢复的角度，提出了生态网络的概念以及规划的具体措施，并指出存在的问题，对生态的保护和恢复具有重要的参考价值。

目前，基于现有的理论研究，国内外关于生态网络的定义、构建、完善，还存在着概念不清晰、构建体系多样化、评价不一致等问题，但是可以明确的是，它的构建不仅能使生态变美、城市变好，而且更多突出了生态功能和效能的重要性。

2.1.2.3　绿色基础设施

绿色基础设施是 20 世纪 90 年代末美国提出的，它是由一系列生态要素组成的自然生命保障系统，强调生态系统服务支撑和自然保育，在国土生态安全的保护中具有重要的作用。关于其构建的基本意义，一些学者认为它是一种重要的生态网络系统，对自然保护和人居环境改善具有重要的作用（彭建等，2017；邬建国，1996）。系统保护规划和绿色基础设施都是保护生态系统的有效措施，其中，前者是生态保护和城市建设方面的重要理论，以系统的视角强调了生态系统完整的重要性，综合考虑了主观和客观的因素，通过采用模拟的方式，量化了保护的目标和区域，从而提出分层划定优先保护区和次要保护区等（Margules & Pressey，2000）。基于此，进一步整合区域的不同生态功能，根据之前保护的缺陷优化和完善区域，识别出重点生态功能区，然后采取不同的管控策略，保证不同区域的生态安全（张路、欧阳志云、徐卫华，2015）。后者是基于生态系统服务功能角度，提出保证生态系统的完整性，同样，对提高人居环境质量方面具有重要的作用（韩琪瑶，2016），美国保护基金会也认为在保证生态系统连贯性方面，应该加强绿色基础设施的构建（Jongman，Külvik & Kristianse，2004）。

我国关于绿色基础设施的研究起步较晚。白伟岚、蒋依依和白羽（2008）以漳州市风景名胜区为例，认为构建绿色基础设施，对于保护生态环境具有重要的作用，形成网络状的生态安全格局，是绿地系统的重要组成部分。詹姆斯·希契莫夫、刘波和杭烨（2013）认为在当今的城市规划中，基于生态视角的考虑绿色基础设施既是机遇也是挑战，因此，要探索用生态学的方法不仅投入资源少，而且能够使绿色基础设施使用者具有更丰富的体验。宗菲、曹磊和叶郁（2013）以象山产业区城东工业园景观为研究案例，根据绿色基础设施建设的原则，提出了保证生物多样性有效的措施，这极大促进了生态系统修复的进程。付喜娥（2015）认为绿色基础设施的构建现在在全国范围内广泛开展，但是仍然存在一系列的不确定性，我国生态环境的破坏以及生物多样性的缺失，更需要绿色基础设施作为指导工具，并提出向政策化、制度化、先行化、标准化、综合评估与验证化方向发展的建议。李凯等（2021）认为景观规划导向的绿色基础设施构建中，要基于"格局–过程–服务–可持续性"的研究范式，不仅对城市发展和生态保护之间起到协调作用，而且能够为生态系统服务需求端的研究提供借鉴。曹畅和车生泉（2020）以上海市青浦区练塘镇为例，采用MCR（minimun cumulative resistance model）模型，在城市规划适宜性评价中，引入景观连通性因子，对于优化绿色基础设施、构建景观生态系统格局具有重要的意义。谢于松等（2019）以四川主要城市为例，采用了形态学空间分析方法（MSPA），构建了市域下绿色基础设施构建的评价指标体系，基于此，不仅对城市预期构建的生态网络具有参考意义，而且对于分析城市的生态网络的相关性，提出了具体实施的方法，同时，根据构建的评价体系，对城市的进一步发展提供了有力的指导。付喜娥（2019）以苏州金鸡湖景区为研究对象，认为绿色基础设施的开发要兼顾经济可行性和外部的社会福利或成本双重因素，因此采用条件价值评估法对其非使用价值以及对价值影响的相关因素进行了分析，从宏观和微观层面验证了对绿色基础设施的支持，能够发挥更大的社会效用。杨秋侠和李学良（2018）认为随着城市化的快速发展，合理高效地处理雨水资源十分重要，绿色基础设施的主要功能就是对雨水进行渗透，基于此，采用成本－效益的方法进行了规模设计，以期使其发挥巨大的作用。邵大伟、刘志强和王俊帝（2016）认为绿色基础设施对于提高人居环境质量、改善生态具有重要的意义，通过对国外绿色基础设施的研究进行归纳与梳理，提出了要寻求地理信息系统（GI）的共同点，加强自然生态功能的认识，拓展定量化与空间化的技术，以及促进多方协同发展，明确责任权属，进而完善保障与约束机制的建议。

基于对土地的永续利用与可持续发展的深入认识，提出了绿色基础设施，它与灰色基础设施相对应，具有改善和协调生态功能的作用，蕴含着巨大的生态价值，并且它的价值和效益具有公益的性质，绿色基础设施系统与传统系统的保护方式不同，强调保护与发展协同。因此，它作为一种策略性的保护与发展规划，不仅能够维持生态系统的价值，而且能够为城市的发展提供指导。

2.1.3 生态保护红线划定研究

生态保护红线的划定是以资源环境承载力和生态适宜性评价为基础，确定了重要的生态功能区、生态脆弱敏感区。环境承载力概念的理论雏形是环境容量，在最初的定义中，它是指人类依靠自然界给予的源源不断的资源生存，生态环境所能承受的最大负荷量（中国百科全书，1983），它是个开放系统，在这个系统内，能量流、信息流等和物质之间进行不断地交换（马超群，2003；邓海峰，2005）。但是环境容量也有其自身不足，没有揭示出在人类社会发展过程中，生态系统和人类的互动关系，而环境承载力可以说明，它也是划定生态保护红线的理论基础。曾维华等（1991）系统提出了环境承载力的概念和表征方法，该研究认为中国资源环境承载力最早的评价是单因素评价，尤其由于区域环境的复杂，逐渐转变为综合因素评价，它是指在某种时空、某种条件下，一个地区的环境所能承受的人类活动的最大量。这里，"某种时空"或"某种条件"是指环境结构在可控制的范围内，没有发生显著的变化，"所能承受"是指在人类大量的活动的前提下，这个生态系统仍然能够发挥其生态功能，同时也没有因外界的改变而失去原始的生态功能。何秋萍（2018）以珠江流域为研究对象，依据资源环境承载综合评价指标构建的原则，对其进行了综合评价，为珠江流域改善现有不足以及下一步的发展提供了有效的指导。1976年联合国粮食及农业组织（Food and Agriculture Organization of the United Nations，FAO）制定了《土地评价纲要》，基于适宜性评价，对土地进行定性、分级分类，构建了土地的适宜性评价体系（倪绍祥、陈传康，1993），以此为基础，中国学者从本国国情出发，构建了适合本国实际情况的土地适宜性评价框架，研究的区域也在不断丰富与扩展，研究方法也从单因素的评价扩展为多因素的综合评价。随着国土资源规划的推进，提出"三区三线"，对适宜性评价的概念及应用还需要多学科进行融合，这样对国土空间开发、利用以及保护具有重要的应用价值（喻忠磊等，2015）。洪阳和叶文虎（1998）认为环境制约型的环境规划是当今世界的发展趋势，提出了以环境容量为基础，探讨了环境承载力的概念和模型，并进一步讨论了可持续环境承载力的定义及其应用。高太忠等（2010）以河北为研究对象，从"容量""阈值""能力"三个方面介绍了环境承载力定义，分层次（水环境承载力、土地承载力、大气环境承载力和城市声环境承载力）对河北的环境承载力进行了评估，为河北综合环境承载力提出了建议。目前，空间开发适宜性评价是以资源环境承载力评价为基础，主要针对农业生产和城镇边界进行分析。

基于此，一些学者认为划定生态保护红线要遵循"生态功能决定论"或"主体功能决定论"原则，在不同的原则下，确定生态保护红线的范围和功能（马琪等，2018；符娜，2008）。

2.2 生态补偿的研究

目前，基于不同视角，从国内外文献可以发现关于生态补偿方面有很多的研究。以此为基础，本书梳理了大量的相关文献资料，从生态补偿内涵的演化发展、生态补偿机制的核心构成要素、草原生态系统服务功能，以及草原生态补偿机制角度进行梳理。

2.2.1 生态补偿内涵研究

生态补偿最早是由国外学者对生态系统服务功能及价值的研究提出来的。国外关于生态补偿的研究较早，概念起源于生态学理论，从本质上看，这一概念与国外的生态系统服务付费（payment for ecosystem service，PES）和生物多样性补偿（biodiversity offset）类似，前者强调对生态服务的经济补偿，后者强调对生物多样性和生态环境破坏后的恢复行为进行补偿。1970 年，关键环境问题研究小组（SCEP）首次提出生态系统服务功能的概念，并指出生态系统具体的环境服务功能。1990 年以后，生态补偿被越来越多的学者提及。有学者认为生态系统服务付费是指一种或者多种生态系统服务的供给者（或卖方）与买方之间的交易，不限于个人，包括非政府、私人组织和当地政府等，将利益相关者进行了拓展（Green，1995；Engel，Pagiola & Wunder，2008），它是针对环境增益服务对自愿提供者进行有条件支付的一种透明系统（Tacconi，2012）。20 世纪 90 年代，我国开始关注生态环境损害，庄国泰、高鹏和王学军（1995）认为生态补偿目标是减少生态环境的损害，所以该研究提倡通过经济补偿来使环境和效益内部化。同样，毛显强、钟瑜和张胜（2002）也支持通过生态补偿的方式来实现环境保护的目标，这样可以更直接提高政策的效率。王金南、万军和张惠远（2006）认为生态补偿的概念更广，外延包括狭义、中义、广义三个方面。生态补偿的概念有广义层面和狭义层面的区别，广义的生态补偿既包括对保护环境行为的补偿，也包括对生态功能的补偿，同时，对破坏环境的行为进行惩罚，达到更好地保护环境的目的。狭义的生态补偿主要是指对生态功能的补偿，即通过一定的制度安排，使生态环境效益内部化，通过给予保护生态的人们一定的补偿，激发他们保护环境的热情和信心。国外的生态环境服务付费主要强调通过自愿性较高、非命令控制式的市场机制推动生态服务购买者和生态服务提供者进行直接的交易来保障环境保护效率。而国内生态补偿则囊括了政府主导和市场机制两种形式，其实现手段更为宽泛，生态补偿涵盖的范围更为广泛，其包括生态系统服务付费的全部内容。补偿严格意义上是一个更具法律属性的概念，而生态系统服务付费则是一个经济属性的概念（靳乐山、吴乐，2019）。

综上所述，目前学术界对生态补偿的定义没有统一的说法，但是其内涵在不同的学科（生态学、资源环境学等）也有不同侧重点。

2.2.2 生态补偿理论研究

当存在外部性时，生态资源配置难以达到最优的状态（陶建格，2012）。生态补偿是将生态环境外部效益内部化的重要手段（黄立洪、柯庆明、林文雄，2005）。为了实现这个目标，归纳起来主要有两种方式：一是庇古税；二是科斯定理。前者主要强调政府的作用，即在政府（看得见的手）的引导下，以转移性支付为基础，通过激励约束机制，对于正外部性进行鼓励和补偿，对于负外部性进行惩罚，不仅实现私人最优，而且实现社会的最优，它是实现纵向补偿的理论基础；后者强调市场的作用，即市场

（看不见的手）可以作为调控手段，将资源进行优化配置，该理论认为由公共物品的非排他性和非竞争性的特征，容易引发"搭便车"问题，但是其实归根结底是产权的问题，因此，这样解决问题的思路可以通过明晰产权实现生态补偿效率的最优化（宋敏等，2008；李镜等，2008），而在科斯定理中，产权界定清晰是推动生态政策实施成功的关键，基于产权界定成本的核算或者是基于市场交易成本透明化、公开化的前提，资源环境被适度持续的开发、利用，经济发展与生态保护的平衡的目标是可以实现的（毛显强、钟瑜、张胜，2002）。

2.2.3　生态补偿机制中的核心要素

2.2.3.1　补偿主体和补偿客体

生态补偿涉及不同的利益相关者，构建生态补偿机制的前提是要确立"谁来补"和"补给谁"，主体和客体的确定是生态补偿的重要前提，不同情况下主体和客体的确定也不同，主体和客体的界定是相对困难的，但是补偿主体一定是受益者和破坏者，补偿客体一定是保护者和利益受损者，补偿客体一般较补偿主体容易识别，但是为了提高补偿的效率，生态补偿机制应该因地制宜、实施区域补偿（蔡邦成、温林泉、陆根法，2005）。曹明德（2010）从法学的角度，提出补偿主体是依照法律规定具有进行生态补偿的权利能力或负有生态补偿职责的国家、国家机关法人、其他社会组织以及自然人，补偿客体是生态环境建设者、生态功能区内的地方政府和居民、环保技术研发单位和个人、合同当事人等。王波和邹洋（2019）提出少数民族地区资源丰富，新时期，以国家为主的生态补偿占主导，也是生态补偿机制中最主要的主体。而单一的补偿主体会极大削弱政策实施的效率，以政府为主导，并不意味着政府是付费主体，需要根据权责利等，由政府主导过渡到受益者补偿。补偿客体主要是指生态补偿发生的具体范围和使用场合（巩芳，2015；刘子飞、于法稳，2018），胡振通（2016）认为生态补偿的客体是活动类型和环境服务，它们之间的因果关联存在不确定，如果因果关系不确定，生态补偿的效果就达不到预期。

2.2.3.2 补偿标准

当补偿主体与补偿客体确定后，那么解决"补多少"是生态补偿实施成功与否的重要环节，目前由于补偿对象没有被清晰地界定、补偿范围存在不确定性，以及产权的不明晰，生态补偿标准的核算仍然没有统一公认的方法，生态补偿标准的核算方法有机会成本法（林秀珠等，2017；胡振通等，2017）、生态系统服务功能价值法（胡海川、张心灵、冯丽丽，2018；王一超等，2017）、最小数据法（唐增等，2010；毛德华等，2014）、条件价值评估法（牛志伟、邹昭晞，2019）等。一般来看，补偿标准大于机会成本值，小于生态系统服务价值。一方面，为了将资源外部性内部化，产权必须明晰和有较低的交易成本；另一方面，是生态补偿必须是有条件限制的，只有对资源进行了合理的利用和保护，才能进行补偿，这样做的目的就是希望进行有效的补偿，能够实现"低成本、高收益"的目标（杨欣、蔡银莺，2012）。

2.2.3.3 补偿方式

合理有效的生态补偿方式是落实生态补偿政策的重要客观要求，因此，因地制宜、因户施策、针对性强的补偿方式，是实施生态补偿项目的重要环节之一。以补偿资金来源来分析，补偿资金的多少和资金的来源渠道都影响着补偿方式和补偿效果，目前我国生态补偿的方式主要有两种划分标准，按照补偿手段的划分，包括货币补偿、智力补偿、实物补偿、政策性补偿等。按照补偿要素的共同属性划分，分为生态补偿税、生态专项资金等政府补偿、混合补偿等（叶晗等，2012）。学者基于不同的划分角度进行了相关研究（王国灿，2017；郝春旭等，2019），同时丰富了相关研究，认为仅仅依靠市场补偿会导致市场失灵，应该在以国家为主要的补偿主体的情况下，引入多种主体类型，通过协调不同主体的利益关系，考虑其需求，构建长效的流域生态补偿机制（杨爱平、杨和焰，2015；郑云辰等，2019）。根据决策者的感知，补偿方式可以分为正面激励和负面激励两种方式。一般情况下，正面激励可以提高生态系统服务的供给数量，影响政策实施的效果，而负面激励是以惩罚、强制的形式在生态补偿项目中予以规定。生态补偿政策实施以来，目前由最早的消极激励向积极激励转变，因为积极激励通过补偿能够对利益相关者的行为进行塑造，促使有利于保护生态环境的行为产生（洪尚群、马丕京、郭慧光，2001）。除此之外，生态环境大多具有方向性和地域性溢出的特征，将外部性溢出所涉及的区域、受益者和受损者的界定、包含的成本、交易的方式种类等作为政策实施考虑的因素进行系统性分析，进而明晰政策实施的成本和预期的收益，促使区域补偿和要素补偿更有效率（金正庆、孙泽生，2008）。

综合以上学者的研究以及文献梳理，目前，我国多以政府补偿为主，但在某些情况下，如货币补偿的单一化和不足，会减弱参与者的积极性和改变其预期行为，不利于生态的建设和保护（粟晏、赖庆奎，2005），而一般情况下，受偿者更加关注当下从事的生产经营活动，如果能够得到更多的支持与帮助，生态保护效果会有所不同。因此，应该将丰富补偿方式作为补充，而使生态补偿机制有效运行。

2.2.4 草原生态服务功能研究

国内外关于生态补偿的应用领域研究较为广泛，目前主要集中在流域、森林与土地保护等方面，随着生态文明建设进程的推进，草原生态补偿也成为众多学者研究的重点。其中，如何测算和评估各种生态系统能够提供的生态系统服务价值是目前的重点和难点。草地是我国陆地面积最大的生态系统类型，对其生态系统的了解和认识是解决人与生态环境问题的重要途径，对草原进行生态补偿主要原因是该生态系统具有巨大的生态价值。因此，进行生态系统价值的测算不仅是国家制定生态环境保护政策的依据，也是可持续发展的基础，它主要指支持服务、供给服务、调节服务、文化服务等，一般具备多重性和多功能性（Hector & Bagchi，2007）。在已有的研究中，多数学者主要运用生态学的方法进行分析。目前关于生态系统服务功能的研究，主要集中在价值评估方面，评估的方法主要包括成本－收益分析、条件价值评估法、市场价值法、旅行费用法、机会成本法等（欧阳志云、王如松、赵景柱，1999）。关于草原的生态系统服务价值的研究，首先，草原能够提供巨大的生态系统服务价值，如提供畜产品的经济功能调节气候、物质循环的生态功能，以及景观设计和旅游休闲的文化功能等（徐素波、王耀东、耿晓媛，2020），它的多功能性越来越显著，但是随着草地退化的日益严重，一些学者更加关注草地的生态价值。有学者首次系统提出了对生态系统服务价值的估算方法，构建了一套对应的指标体系（Costanza，1997）。此后，对生态系统服务价值的评估也得到国内学者越来越多的关注。按照我国各省份主导草原类型的不同划分为低地草甸类、高寒草甸类、暖性草丛类、热性草丛类、热性灌草丛类、山地草甸类等，分别计算了各省的草地生态系统价值，研究发现，各省份的草地生态价值区别较大，并且提出探索生态系统服务价值转化机制，推动其与市场经济相结合的发展模式（池永宽等，2015）。也有学者利用1982~2014年遥感数据估算的生物量和空间插值的年降水量数据2个生物环境因素，对4个大类、11个小类的单位面积生态系统服务价值当量因子进行了校正，进而估算了内蒙古温带草原生态系统服务价值及其空间分布特征，研究发现草甸草原生态系统服务价值（0.82万亿元/年）＞典型草原（0.77万亿元/年）＞荒漠草原（0.02万亿元/年），为生态文明的建设起到指导作用（穆松林，2016）。

综上所述，草原能够提供巨额的生态服务价值，为了推动生态文明建设的进程，对生态系统服务进行界定和测算已成为目前研究的热点。虽然不同的学者对草原生态系统服务功能价值的核算结果不同，但是不论如何测算，草原都具有重要的生态系统服务功能价值，因此，迫切需要完善评估方法，建立草原生态系统服务功能评价框架和体系，尤其是针对不同类型草原构建有效的评价方法。

2.2.5 草原生态补偿机制研究

随着一系列的生态保护政策和生态建设项目的实施，例如，2000年开始实施的京津风沙源治理工程、2003年的退牧还草工程，以及2011年开始的草原生态保护补助奖励政策，表明了国家对生态环境保护的重视，其中草原生态保护补助奖励政策是目前牧区规模较大、覆盖面广的一项政策（胡振通等，2015）。学者们从不同的角度对草原生态补偿机制进行了研究。

李平等（2017）认为新一轮草原生态补奖在一定程度上取得了成效，但是在政策实施的过程中，也存在超载过牧，难于控制与监管的问题，提出了加大"补、奖、惩"力度的建议。巩芳（2015）认为生态环境是能够带来效益的生态要素，目前，草原生态补偿机制存在高成本与低补偿、政策的短期性和草原发展可持续的矛盾，提出了构建草原生态补偿机制具有紧迫性和必要性的关键措施。刘旭霞和刘鑫（2015）认为生态保护过程中，存在监督管理缺乏法律效力，政策宣传与牧民执行力度不匹配问题，要通过立法完善草原生态环境补偿机制，从根本上遏制草原生态环境的恶化。胡振通（2016）认为草原生态补偿机制存在监管力度弱的主要问题，限制了生态补偿目标的实现，究其原因，是违法成本低、补偿标准低、监管概率弱造成的，为下一步政策实施提供参考。李静（2015）以甘肃为研究对象，分析了退牧还草和草原生态保护补助奖励政策在该地区的实施效果，并提出了要从丰富理论基础、拓展补偿方式，构建保障机制等方面完善草原生态补偿机制。通过梳理以上文献发现，学者们对草原生态补偿机制存在的问题、构成要素、完善机制等方面进行了大量研究，为本书研究生态保护红线划定下，草原生态补偿机制的重构提供了重要的理论基础和现实依据。

2.2.6 草原生态补奖政策实施效果研究

政策实施效应的系统评估对于进一步调整和优化政策具有重要的现实意义。草原生态补奖政策实施以来，已有研究从微观和宏观层面对其实施的效果进行了丰富的讨论，主要集中于三个方面：

第一，从指标体系构建方面。除了考虑已有研究关于社会效应（胡振通、柳荻、靳乐山，2016）、经济效应（王丹、黄季焜，2018）、生态效应因素（吴乐、靳乐山，2019），周升强和赵凯（2021）认为草原是"社会－经济－社会"复杂的适应性系统，还需考虑政策的相宜性与可持续性，基于此，提出测算各个维度的耦合协调性来评价政策实施的优劣。

第二，从资金使用和分配效率方面。孔德帅、胡振通和靳乐山（2016）认为政府在资金分配过程中有不同的考量因素，按照面积补偿直接关系到牧民的草场利用情况，按照人口补偿更加符合政策初始目标，需因地制宜，这也间接地影响着政策的效能。

第三，从对牧民收入的影响、牧民生计方面。董丽华等（2019）以宁夏牧区为例，认为草原生态补奖政策显著地促进了牧民的收入；与之相反，杜富林、宋良媛和赵婷（2020）以锡林郭勒盟和阿拉善盟为研究区域，认为草原生态补奖政策与牧民收入呈负向的关系；罗媛月、张会萍和肖人瑞（2020）认为该政策实施区牧民收入提高了，但是没有起到明显的增加收入的效果。也有学者认为该政策在一定程度上能够保证低收入牧民的生活，改善了生态环境，但是总的来看，降低了牧民的物质资本和金融资本，生计方式呈现显著的变化。侯玲玲等（2021）认为草原生态补偿政策改善了草地质量（尽管只是很小的程度）并对收入产生了巨大的积极影响，它不仅加剧了社区牧民之间现有的收入不平等，而且诱导牧民改变其牲畜生产行为，因此确保项目的灵活并适应当地的资源环境具有重要的作用。

2.3　相关方法的研究进展

一些学者经常利用陈述性的偏好的方法，来说明人们的支付意愿或者受偿意愿，从而评价资源环境产生的价值，在陈述性偏好的方法中，人们常常使用意愿价值评估方法，即受访人对价值问题进行直接回答。其中，条件价值评估法（CVM），主要通过虚拟一个市场，对被访谈者进行访谈，预期他们的经济行为，它是计算无形资产价值且运用较广泛的一种方法。在此基础上，引导受访者说出自己的支付意愿（WTP）或者是受偿意愿（WTA），从而得到无形资产的市场价值。条件价值评估方法是在 20 世纪 40 年代首次被提出，直到 20 世纪 80 年代，该方法得到了较大的发展和应用，由环境学学科拓展到经济学、管理学等学科，研究的范围更加扩大。条件价值评估法在我国使用的最早年份是 1996 年，赵天瑶等（2015）以荆州市为例，采用条件价值评估法（CVM）调研了居民对其旅游价值的认识，以及他们能够提供的生态系统服务价值进行了分析，得出了荆州市稻田生态系统景观休闲旅游的总价值约为 4.43 亿元。田红灯等（2013）通过调查贵阳市居民公益林生态效益支付意愿（WTP），明确了居民对生态系统服务的认识，以及对其产生价值的认识，为构建公益林的补偿机制提供了有效的指导。朱凯宁、高清和靳乐山（2021）认为开展生活垃圾处理对于环境治理具有重要的意义，尤其是在资源还相对丰富的贫困地区，该研究以云南省渔洞水库汇水区为研究区域，利用条件价值评估法对农户生活垃圾支付意愿及影响因素进行了分析，不仅基于农户的视角得出了来源于现实的支付意愿，而且明确了家庭外出务工比例是影响农户支付意愿的根本原因，认为收费标准不该"一刀切"，应该实现差别化的模式。蔡玉莹和于冰（2021）以嵊泗马鞍列岛海洋保护区为研究对象，在制定合理的补偿标准和提高补偿效率的目标下，利益相关者的利益协调，即利益相关者的生态补偿意愿水平及其影响因素是具有重要的参考价值，基于此，利用条件价值评估法，明确了人们的支付水平和实施保护的意愿，促进了嵊泗马鞍列岛海洋保护区的发展。翁鸿涛等（2017）认为研究贫困地区的生态环境治理，对精准脱贫、提高生态保护的认识具有重要的影响，因此，基于条件价值评估法，该研究对贫困区域人们对生态环境的受偿意愿（WTA）进行了调研，明确了家庭基本特征、对生态补偿的认识等是影响贫困地区人们补偿意愿的显著因素，进一步为完善公益林补偿提供了有效的建议。韦惠兰等（2017）以甘肃玛曲县为例，利用条件价值评估法研究了牧民对新一轮草原生态补奖政策的受偿意愿，以及对减畜的态度和认识，同时，对比已实施政策的补偿标准，揭示了现行补偿标准低，和实际能提供的生态价值存在较大的偏离，进而提出推动政策有效实施的建议。

总体来说，条件价值评估法已经成为当下分析微观主体受偿意愿以及评价无形资产的主要方法之一，依据它包括的类型，根据调研情况，可以进一步选择合适的研究类型。

结构方程模型（structural equation modeling）是指研究不可直接观测的潜变量之间结构的关系的方法。至于是什么样的结构，取决于研究的实际问题。区别于传统的回归分析，它是利用一定的统计手段，对复杂现象的理论模式进行处理，根据理论模式进行评价，以达到对实际问题进行定量研究的目的。目前，该方法已被广泛应用。乔蕨强和陈英（2016）认为在推进征地补偿的进程中，农民的满意度高低具有直接的作用，因此，利用结构方程模型研究了农民满意度以及影响因素，研究发现失地农户在补偿过程中更加关注的是补偿标准、分配方案及后续的保障工作。韩枫和朱立志（2017）以甘南牧区为研究区域，认为草原生态建设的过程中，牧户的满意度对政策的实施具有重要的影响，现实中，要将牧户的生态保护意愿上升为主观行动，还有较大的差距，基于此，将牧户生计作为中介变量，利用结构方程模型，研究发现，政府应该给予更多的宣传和引导，使利益相关者认识到生态的重要性，同时培育牧户替代生计新方式，实现草原生态建设的可持续。孙涛和欧明豪（2020）基于结构方程模型，测量观测变量对潜变量的直接效应、间接效应和总效应，以此来探讨农村居民点意愿影响的机制，提出应完善农村社会保障政策，建立失地农民再就业保障机制等建议。李武艳等（2018）在研究农户耕地保护补偿方式偏好的过程中，基于结构方程模型，辨析了农户的能力资本与补偿方式选择偏好之间的关系，提出了应该针对农户的不同需求，对农户进行多元化的补偿方式。温宁、周慧和张红丽（2021）对农户农田防护林经营行为的影响因素分析的过程中，基于行为计划理论，应用农户数据，构建了结构方程模型，揭示了内在因素的影响机理，进一步帮助农户更好地经营农田防护林。陈升和卢雅灵（2021）认为社会在快速发展的过程中，人们之间的利益分配存在着各种矛盾，基于结构方程模型，分析了社会资本、政策实施的效果与人们的参与度，由此提出了要加强政策宣传、提高公众参与度的重要性。

与传统博弈理论不同，演化博弈理论假定参与人不是完全理性的，它认为人类是通过不断尝试的方法来进行决策的。在关于生态补偿政策实施的过程中，生态补偿的各方不仅基于自身的利益出发，而且也和其他参与方的利益选择紧密相关。潘鹤思、李英和柳洪志（2019）认为在生态治理的活动中，中央政府和地方政府都是主要的治理主体，基于财政分权的视角，采用演化博弈方法探讨了二者在"约束-监管-激励"方面的行为特征。杨光明和时岩钧（2019）以长江三峡流域为研究对象，应用演化博弈方法，分析了上下游政府与中央政府生态补偿的博弈行为，为该区域的决策提供指导。李健和王庆山（2015）基于政策企业家的视角，通过演化博弈理论，分析了碳排放管理部门与企业之间的博弈关系，研究发现，理清楚对企业的管理、成本控制以及市场风险的估计这三者的关系，可以为下一步优化碳排放权交易具有重要的参考价值。高文军、郭根龙和石晓帅（2015）利用演化博弈理论分析了上下游政府在签订生态补偿协议后，如何解决利益相关者生态补偿与监管决策问题，为相关部门的决策提供了指导。贾舒娴、黄健柏和钟美瑞（2017）以金属矿产开发为研究对象，基于演化博弈理论，探讨了生态补偿利益相关者之间的利益协调，为生态文明建设的推进，提出了合理的生态决策。李宁、王磊和张建清（2017）利用静态博弈和动态演化博弈，对流域生态补偿利益相关者的决策行为以及深层次的原因进行了分析。

2.4 文献述评

通过对以上的文献进行梳理，发现国内外相关的研究取得了一定的进展，但是也存在不足，有待改进，具体包括：

（1）对提高草原生态补偿的效能缺乏系统性的研究。草原生态补偿是为了解决环境外部性问题而提出的，目前在理论和实践层面取得了重要的突破和进展。但是草原生态补偿机制存在补偿标准低于实际生态价值、补偿方式单一，监督管理弱的问题，货币支付是当前主要的补偿方式。目前不论是补偿标准还是补偿方式，均与牧民的利益诉求有较大差距。那么如何更好地提高草原补偿的效能，重构机制，是本书的价值。

（2）生态保护红线区的生态补偿目前倾向于理论研究（丘水林、靳乐山，2021），实证研究方面尚属空白。现在大多数省份的生态保护红线基本划定，它可以带来巨大的生态服务价值，但是也是一项有失"公平"的"非帕累托改进"。生态保护红线类型多，范围广，管控面积占区域行政面积不同导致其发展的机会也不一样，牧民为了保护生态保护红线区的草原，需要付出一定的代价，且当他们的生存和发展受到阻碍时，如何在政策落地前，激发牧民的参与热情，促使他们更好地把保护草原的行为落实到现实中，是本书的研究意义。

综上所述，目前对于生态保护红线区生态补偿机制的核心要素没有具体的规定。因此，本书在梳理生态补偿实践进程的基础上，以生态保护红线划定为背景，借鉴已有的比较成熟的生态补偿机制框架，通过实证与规范相结合研究，理清生态补偿机制运行过程中的关键要素，提出生态保护红线区草原生态补偿机制重构的路径与建议，是当下亟待研究的内容。

第3章

理论分析及补偿机制重构框架

3.1　理　论　基　础

3.1.1　生态价值理论

随着一系列的生态环境保护工程的实施，取得了一定的生态效果，但是生态系统本底脆弱的情况却没有得到根本的改变，使人们意识到生态环境资源是有价值的。它是属于"生态哲学"中的一个基础性概念，指在兼顾个人利益和社会利益的基础上，以系统性、可持续性的角度去看待自然资源的价值。总的来看，一些学者认为，首先，它具有"自然价值"，人类存在于自然界，依靠自然界提供的生态系统，进行生产、经营活动。其次，生态系统能够为人类提供生存和生活资料，生态系统的稳定发展是人类生存的必要条件，它具有"环境"价值。最后，它具有"生态价值"，生态系统能够为自然界中人类和其他生物提供一系列有形和无形的产品。有形的物质产品通过货币的形式表现其价值；无形的生态效用的价值通过消费者级差收入的形式间接体现。另一些学者认为，生态价值包括使用价值和价值，通过一定的方式表现出对人类直接和间接的作用，目前，关于生态价值的计算，还没有统一的计算方法，但是已经有较多的学者基于交叉学科的相关内容，强调了该理论作为价值测算的重要性。

草原生态系统具有重大的价值，为了促进牧区经济可持续发展，应该把草原生态功能放在首位，进一步来发挥草原的生态系统服务功能或者环境价值。牧民作为草原生态保护的直接利益相关者，牧区是其从事畜牧业活动的重要区域，为了实现草原生态环境的保护、修复，需付出一定的人力、物力、财力，因此，应该针对生态系统服务的提供者进行"生态补偿"。

生态价值理论的提出，不仅使人们认识到自然资源环境的重要性，而且补充了生态补偿的内容，即针对生态系统提供的服务进行补偿，它为生态补偿提供了理论基础，同时，对生态系统服务的评估丰富了生态价值的内容。因此，人类在进行生产经营活动时，基于可持续发展的角度，不仅要考虑经济价值，而且要更加重视生态价值，经济价值必须服从生态价值，且人类必须在自然生态系统的限度（即生态平衡）之内从事自然生产活动。

根据已有理论，本书认为生态保护红线区的草原资源具有的主要价值为：第一，草原作为一种重要的资源，作为生态屏障，蕴含着重要的价值，不仅能够保护地球，而且能够为人类带来更丰富的体验，生态价值是相对于生命体而言的，但是对于人类社会的发展来说，生态价值转化也是人类社会向前发展的必然要求。第二，怎样更好地守住生态保护红线，是目前政策落地所必须考虑的内容，已有政策文件中关于加大力度保护红线内的基本草原，其实也从侧面反映更加关注红线内主导的生态服务的价值。红线内主导的草原生态价值的大小也反映了它的重要性，价值越大，说明应该能根据它提供的生态系统服务进行针对性的保护。第三，资源是否有用以及效用的大小决定了自然资源价值的大小，它与人类需求之间的桥梁是生态产品的转化，生态价值与生态产品是多维交互的关系，不同的载体可以转化为不同的产品，但是存在限度的，生态系统的承载力和适宜性是必须考虑的因素，要想实现可持续发展，须进行评估与利用。

3.1.2　外部性、公共物品理论

外部性也称为外部影响、外部因素，指一种消费或生产活动对其他消费或者生产活动产生不反映在市场价格中的间接效应。不同的学者对外部性的定义有不同的认识。总的可以概括为，外部性可以分为外部经济和外部不经济，从理论层面来分析，目前产生外部影响的个体不需要付出代价或者承担损失。外部性的概念来源于马歇尔 1890 年发表的《经济学原理》中提出的"外部经济"概念。外部性产生的原因和解决办法，不同的人有不同的看法，基于此，他的学生庇古扩充了"外部不经济"的概念。外部性的经济学解释可以是当某一行为产生的个人收入或者成本与社会的收入和成本不一致的时候，这种情况就产生了外部性。

草原具有公共物品的性质与特征，它提供的服务也会对消费者产生受损或受益的情况，即外部性，外部性的存在会引起资源配置不当进而无法实现帕累托最优。因此，上述的特点决定了它主要靠政府提供，这与政府的特殊性质和特殊追求目标有关。但由于公共产品，它供给的边际成本递增而边际收益递减，会导致供给不足，所以，在我国当前经济社会背景下，政府会面临公共产品需求与有限财政资金的矛盾。

草原一方面可以为人们提供生产生活等正外部性，另一方面也可能产生退化、沙尘暴等负外部性，因此，为了实现草原资源的可持续利用，并保障草原牧区的生产条件，必须寻找到能够将草原外部收益实现内部化的方式或者机制。草原生态补偿目前是一种由政府投资的行为，是实现草原可持续发展较好的手段。

3.1.3　"社会－经济－自然"复合生态系统理论

社会、经济和自然是三个不同性质的系统，但其相互制约、相互联系。

它是由马世骏在 20 世纪 70 年代提出的，他认为社会若干重大问题的发生，都会直接或者间接受到社会体制、经济发展与自然因素的综合影响，社会系统、经济系统和自然系统三个子系统之间相互协调、相互制约，形成一个复合的生态系统（马世骏、王如松，1984）。

社会系统的核心是人，受人口、政策、制度等一系列发展的制约，价值的高低通常是衡量社会经济系统和结构的指标。经济系统是由相互联系、相互制约的经济要素及其相互关系所组成的具有一定结构和功能的有机整体。自然生态系统是指各种生物与环境进行物质、信息、能量等交换，形成相互联系的整体。在一定的资源环境承载力内，它能够进行自我恢复并且为人类提供资源，但是大多数情况下，资源是稀缺且有限的（王如松、欧阳志云，2012；赵景柱，1995）。这个复合生态系统中的各个要素，各有特点，但是主要目标是实现可持续发展。自然资源和经济发展是社会可持续发展的基础，同时，保护自然资源能保证经济的可持续发展，而且人类的生产经营活动所需要的物质和能源来源于自然界，生产的剩余物质又返还给自然界，但是生产所需的物质供给又受限于自然界的库存，同时大规模的经济活动，需要高效的社会组织、合理的政策，如此才能够积极地推动经济的发展。因此，为了推动社会的可持续发展，要以经济建设为中心，同时，保护好生态环境与自然资源，是非常有必要的，这个"三位一体"的复合生态系统也说明了社会的可持续发展离不开生态环境（蒋高明，2018）。

但是，自然生态系统作为一个处于非平衡状态的自组织系统，当外界的干预与活动不超过其承载力范围，自然系统的发展可以保持在稳定的水平，反之，当超过资源环境的承载力，就会给自然生态系统的发展带来较大的破坏，直至难以修复，三个系统相对良性的关系会失衡。因此，离开良好的生态环境，社会和经济的可持续发展失去物质依托，也是纸上谈兵，综上可知，在发展的过程中，在人类活动的不同干预强度下，这三个系统呈现协调和冲突的两种复合生态系统模式，单纯追求一个系统的发展都是片面和不利的，必须走向复合生态系统。在复合生态系统中，人是其中活跃的因素，可以凭借自己的能力，利用自然资源推动经济的发展，但是人也是自然中的一员，不能违背自然规律，这是复合生态系统的基本特征。

3.1.4 效用价值理论

效用价值理论是从人对物的满足程度来抽象出来的，强调人和自然的关系，人从商品中获取的效用，它适合研究环境问题，草地作为资源环境的重要组成部分，除了物质生产功能以外，还具有人类生活空间和景观美学等功能，能够为人类提供较大的效用。因此，将效用理论引入到草地非市场价值的评估领域（蔡剑辉，2004）。它的研究内容主要是人们通过消费某种商品或劳务所得到的满足程度，一种产品，只有当人们对它有现实需要的欲望，而它同时具有满足人们某种欲望的能力时才能产生效用。效用是消费者个人的主观评价，是一种主观的心理感觉，它包括生理活动的满足，这种满足是消费者对外在的东西的主观反应、评价和感觉。美国经济学家萨缪尔森提出效用的概念和个人和社会的经济福利是密切相关的，人们的幸福水平往往与人们获取的效用成正比，而与人们的欲望成反比。效用理论包含一定的假设条件：首先，消费者是理性经济人，以满足自身效用最大化为目标；其次，消费者有决定权来选择自己消费商品的最佳组合；最后，效用满足的唯一来源是消费。消费者在对商品进行选择时，一定会将其有限的收入换取尽可能多的满足，即在既定收入下实现效用最大化。效用论在分析消费者的行为时，有基数效用分析法和序数效用分析法。基数效用分析法认为每个人都能说出这种产品对自己的效用，含有总效用和边际效用两个主要的内容。经济学认为，在一定的时间内，在其他商品的消费总量不变的条件下，边际效用是递减的。而序数效用分析法认为，其大小是无法衡量的，效用也未必是递减的，效用之间的比较只能通过序数来表示顺序或等级。即消费者对于各种商品组合偏好（即爱好）程度是有差别的，这种偏好程度的差别决定了不同商品组合的效用的大小顺序，在该理论中，偏好公理被认为是可以检验消费者行为的理论，具有完备性、传递性、不饱和、选择性、连续性的特征，它主要用无差异曲线来表示消费者偏好相同的两种商品的不同数量的各种组合，消费者若要保持效用水平不变，边际替代率是递减的。在给定的预算约束下，无差异曲线与预算约束线相切，相切的点即为消费者达到最大的效用或达到最大限度的满足，消费者实现均衡。根据上面的分析，本书在分析生态保护红线内的牧民的受偿意愿时，以效用理论为基础，探讨牧民在追逐效用并获得效用最大化的过程中，对决策方案的选择。

3.1.5 可行能力理论

阿马蒂亚·森（Amartya Sen）的可行能力理论常常被用来分析多种主体的行为，其主要内容认为贫困的主要原因不能简单地认为收入水平的低下，而在于可行"能力"的被剥夺（李武艳等，2018）。反贫困的政策也不能仅仅关注在收入的增加，应该聚焦于人们可行能力的扩展上，即扩大人们有理由享受的实质自由。基于此，引入"可行能力"的概念，它是指人有能力判断自己的处境，并且能够实现各种活动组合（冀县卿、钱忠好，2011）。阿马蒂亚·森认为有理由用一个人所具有的可行能力，来判断个人的处境，他强调贫困必须被视为基本可行能力的剥夺，而不仅仅是收入低下，他还指出低收入是一个人可行能力被剥夺的重要原因，所以，该理论认为，我们应该看到，可行能力被剥夺是不利于实现自身价值的（尹奇、马璐璐、王庆日，2010；方福前、吕文慧，2009；高进云、乔荣锋、张安录，2007）。因此，提高的人的可行能力，能够降低贫困，这为政策的设计提供了理论基础。

行为主体在草地利用的过程中，为保护草原而需要放弃获益的草地利用方式，从而造成自己收入水平相对降低，在一定程度上限制了行为主体的能力的发展，那么生态补偿作为对行为主体损失的补偿，不仅仅弥补经济损失，更重要的是增强行为主体的能力，激励他们保护草地的积极性和主动性。目前，关于行为主体能力的划分主要依据行为主体福利的功能性活动或者其可持续生计分析框架，在可持续生计分析框架中，行为主体的能力分为自然资本、人力资本、社会资本、物质资本和金融资本（丁士军、张银银、马志雄，2016；余霜、李光、冉瑞平，2014）。

3.1.6 博弈理论

博弈理论（came theory）又被称为对策论，它是指利益相关者在一定的游戏规则下，基于自己所处的环境和自己掌握的信息，变换自己的策略以实现利益最大化和成本最小化，它可以较好地分析出各利益主体达到均衡时所确定的最优策略，是定量研究分析的重要方法之一。换句话说，1944 年，冯·诺伊曼（Von Neumann）和摩根斯坦（Morgenstern）共著的《博弈论与经济行为》，不仅在一定程度上将博弈内容进行丰富拓展，而且将它引入了经济研究领域。该理论的关键是当利益相关者在策略中达到利益最大化时，就达到了纳什均衡，在一组策略组合中，当处于均衡点时，任何一方都不会轻易改变自己的策略，同时，它是研究互动决策的理论，即利益相关者的策略是会互相制约和影响的，1994 年进一步确立了博弈论在当代经济理论中的重要角色（冯·诺依曼、摩根斯坦，2018；罗伯特·吉本斯，1999）。一般情况下，在应用博弈论分析问题时，博弈过程中的基本要素包括：参与人、信息、行动、收益、均衡、结果。即每个参与人都会基于自身所获取的信息，从自身利益最大化出发，做出利于自己的决策和行动。

一般把博弈论分为数理博弈论和演化博弈论两大流派。数理博弈论是在新古典经济学的基础上增加了经济行为主体的互动，使得模型更加贴近现实，但是总的来看，数理博弈论仍然没有跳出新古典经济学的框架，即在运用数理博弈论建立模型时，对各种影响关系做出的假设往往不切合实际，并且高度抽象化。演化博弈论摒弃了新古典经济学一贯的完全理性的假设，对群体的选择过程进行模拟和分析。

划定生态保护红线后，是否能够严格保护好红线区的基本草原，这需要通过有效的监管和一定的约束机制来实现。构建草原生态补偿机制成为一种保护草原生态环境、协调不同利益相关者行为的重要手段。在博弈的过程中，各个参与主体都会基于自身利益最大化，不断地讨价还价并寻求最优策略。因此，运用博弈理论分析红线区草原生态补偿中利益相关主体的行为策略，有助于深刻剖析牧民在不同的监管的情况下，参与草原生态保护的决策状态，从而为红线的落地实施提供理论依据。

3.2 相关概念界定

3.2.1 生态保护红线

"生态"是指与生物有关的生态系统的各种相互关系的总和。"红线"最早用于城市规划，指不可超越，英文中的解释为"red line"。2017 年在《关于划定并严守生态保护红线的若干意见》中，定义生态保护红线是指在生态空间范围内具有特殊重要生态功能、必须强制性严格保护的区域，是保障和维护国家生态安全的底线和生命线。通常包括具有重要水源涵养、生物多样性维护、水土保持、防风固沙、海岸生态稳定等功能的生态功能重要区域，以及水土流失、土地沙化、石漠化、盐渍化等生态环境敏感脆弱区域（见图 3 - 1）。在坚持科学性、协调性、可行性、特色性原则的基础上，科学评估结果与各类保护地叠加后，将不适合纳入红线管理的区域进行扣除，扣除区域主要包括独立细小斑块、城市、村镇建设用地、耕地和采矿权用地，这也同时说明了"三区三线"的互相协调，互不冲突。

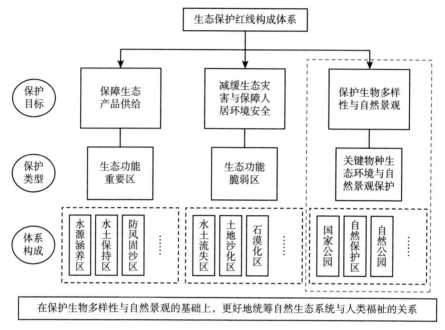

图 3-1 生态保护红线的构成

总之，生态保护红线的定义至少包含以下几个方面：第一，生态保护红线划定是前提，守住红线是目标；第二，划定生态保护红线的目的除了要控制生态环境状况存在于一个资源环境承受范围内，还在于在生态环境状况超出安全区间时，对相关责任主体的一种制约和惩罚；第三，生态保护红线是一种新的环境管理手段，促使政府加强对生态环境的保护力度，它允许合理的人类活动，它的提出和建设，也说明应该重新考虑生态补偿的方式，并且加大生态补偿力度。

3.2.2 草原生态补偿机制

"机制"在《现代汉语词典》中的解释为：在一个系统中，各元素之间的相互作用的过程和功能，在社会科学中，可以理解为机构和制度。与人们常说的机制，意义相近的是指事情的方式、方法。简而言之，机制是制度加方法或者制度化了的方法。在制度经济学中，机制是为实现某一目标的一种制度安排，其实质就是系统内部各个组成部分相互影响、相互制约。生态补偿其实是指生态系统的一种自我恢复能力，该种修复能力是能够对人类社会和经济活动造成的破坏进行修复。它是一种为了保护资源环境和改善生态系统运用的一种经济激励机制，核心是如何保证机制的长效运行，并且对每个要素进行利益的分配。

生态补偿机制，是指建立一种利益平衡的格局，激发一些行为主体对生态环境的保护，推动社会资源环境的可持续发展，实现人与自然的协调。综合以上分析，草原生态补偿机制是指为了实现草原生态的可持续发展，需要构建对相关利益主体进行激励约束的机制，其中，为了实现机制的稳定长效，必须考虑怎么最优化补偿体系中的每个核心要素，从而使自然经济、社会和谐发展。

3.2.3　主导的生态系统服务

根据现有的研究成果，生态系统服务是指人类在生产生活的过程中，在自然环境条件中获得的多重服务，进而提高自己的福利水平，如有形产品和无形产品。主导的生态系统服务功能是指在生态功能重要性评价的基础上，采用定性与定量相结合的方法来反映区域提供的主要生态功能。在《生态保护红线划定技术指南》中，生态保护红线的主导生态功能包括水源涵养、水土保持、生物多样性维护、防风固沙和其他生态功能等。

3.2.4　重构

"重构"是指对资源或者机制演变机理的重新界定，包括构建原则、核心要素的形成机制、草原生态功能的社会效应以及发展路径的重构。草原生态补偿机制重构是指随着生态文明建设进程的推进，生态系统根据外界影响而作出的内部的要素和结构进行重新整理的过程，它的目的是使草原的生态功能具有可持续性，主要内容是指各个要素的调整，生态空间的优化完善，实现生态功能的可持续性，进而实现草原生态功能的提升和完善实现机制重构的目标。

在本书中，"重构"有四个含义：第一，是指随着外界环境的变化，草原生态功能处于持续不断演变的过程中；第二，是指草原生态功能持续不断的演变是以牧区经济不断发展的过程为基础，牧区经济的发展也伴随着不断重构草原生态功能的过程；第三，是指草原生态功能也在影响着牧区社会经济的发展，成为阻碍和促进社会发展的重要因素；第四，是指生态保护红线的划定过程中，也强调了关注主要的生态系统服务，促进生态系统能稳定持续地向好。

3.3　补偿机制重构框架

3.3.1　补偿机制重构的必要性[①]

草原具有多重的生态服务功能，如防风固沙、水源涵养、水土保持等。一方面，生态系统服务功能的不可替代性和不可逆性，决定了必须加大草原的保护力度，另一方面，草原"局部好转、整体恶化"的趋势没有得到根本性的改变，因此，划定生态保护红线被及时的提出来，它作为推进生态文明建设的重要制度，作为生态系统服务功能保护的重要举措，生态保护红线区的补偿机制的完善性将会影响生态系统服务功能的可持续发展。

---

① 内蒙古自治区人民政府. 内蒙古自治区生态保护红线划定方案（报批稿）[Z]. 2018.

因此，在划定生态保护红线的草原或者区域，重构现行以单一行政手段和支付意愿为主导的草原生态补偿模式是非常必要的，从而构建强调保护草原生态的生态补偿机制、探索多样化的生态补偿模式，这不仅对生态保护红线区生态环境的保护具有重要的作用，而且是促进"绿水青山"转化为"金山银山"的重要方式。

3.3.1.1 系统保护山水林草湖，筑牢祖国北方生态屏障

内蒙古横跨"三北"，地域广阔，地形地貌和生态系统丰富多样，各类系统相互交织，构成了我国北方地区独具特色的生命共同体。内蒙古生态保护红线，涵盖了自然保护区、风景名胜区、森林公园、地质公园、湿地公园等生态保护地与自然景观资源，能够有效地保障供给优质的生态产品，提高生态系统的完整性和连通性。生态保护红线划定，不仅有利于集中连片功能退化的生态系统，而且能够促进"山水林田湖草"不同景观要素之间的系统耦合。

3.3.1.2 维护生态系统服务功能，保护生物多样性

内蒙古在我国北方地区发挥着极为重要的生态功能，全区涉及 5 个国家级重点生态功能区，面积 86.69 万平方千米，占全区土地总面积的73.5%。生态保护红线的划定，可有效维护与提升区域生态系统服务功能，它是生物多样性维护的底线。生态保护红线纳入了国家级和自治区级以上禁止开发区以及一级国家级公益林、天然林、基本草原、濒危野生动植物栖息地等区域，基本实现了重点野生动植物物种及其生态保护全覆盖。因此，通过生态保护红线的划定，能够有效保护区域重要生物资源，对于维护区域生物多样性也具有重要意义。生态保护红线涵盖了内蒙古 5 个生物多样性保护优先区，即大兴安岭生物多样性保护优先区、松嫩平原生物多样性保护优先区、呼伦贝尔生物多样性保护优先区、锡林郭勒草原生物多样性保护优先区和西鄂尔多斯 – 贺兰山 – 阴山生物多样性保护优先区。生

物多样性保护优先区内生态保护红线面积占 5 个生物多样性保护优先区国土空间的比例均在 65% 以上。

3.3.1.3 保障人居环境安全，促进经济社会可持续发展

在保护重点生态功能区的同时，内蒙古生态保护红线还纳入了水土流失与土地沙化敏感区。划定范围涉及大小兴安岭国家级水土流失重点预防区、呼伦贝尔国家级水土流失重点预防区、燕山国家级水土流失重点预防区、祁连山 – 黑河国家级水土流失重点预防区和阴山北麓国家级水土流失重点预防区等 5 个国家级水土流失重点预防区，以及大兴安岭东麓国家级水土流失重点治理区、西辽河大凌河中上游国家级水土流失重点治理区、永定河上游国家级水土流失重点治理区和黄河多沙粗沙国家级水土流失重点治理区 4 个国家级水土流失重点治理区，13 个国家沙化土地封禁保护区，3 个水产种质资源保护区。其中，生态环境敏感区生态保护红线的划定，有效遏制了土地沙化、水土流失等生态问题的恶化趋势，减缓了自然灾害发生率及灾害损失，为保障人居环境安全发挥了重要作用。

呼包鄂城市群作为内蒙古重点经济开发区和人口聚居区，生态保护红线的总面积为 3.33 万平方千米，占该行政区面积的 25.29%。随着经济社会和城市化进程的不断高速发展，生态安全形势日益严峻，生态环境保护压力不断加大。生态保护红线的划定有助于构建结构完整、功能稳定的区域生态安全格局，不仅增强了对呼包鄂城市群的保障作用，而且减缓了京津冀地区的沙尘暴现象，为人居环境安全和经济社会发展提供了有力的生态保障。

3.3.2 生态保护红线政策作用机理

目前，生态保护红线政策作为一项重要的制度创新，是保障国家生态安全的底线和生命线，政府划定生态保护红线，最终目的不是简单的进行

生态保护，而是为了统筹生态保护和经济发展，实现生态效益、经济效益、社会效益。草原是进行畜牧业生产的重要生产资料，它主要涉及牧民和政府两大主体。当政府通过对草地资源环境承载力和适宜性评价后，给予牧民的补偿，能够弥补牧民因为保护草原而受到的损失，牧民会为了保护草原付出努力；当牧民认识到"绿水青山"就是"金山银山"，即通过生态保护可以获取更高的经济价值，生态环境改善会持续向好。其中，生态保护红线政策作用机理如图 3-2 所示。

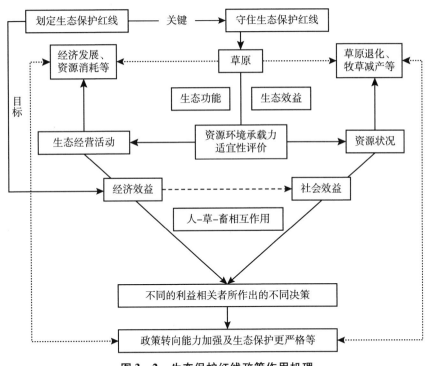

图 3-2 生态保护红线政策作用机理

3.3.3 补偿机制重构设计思路

生态保护红线区的草原蕴含着巨大的生态价值，对区域的生态安全具有重要的作用。而生态保护红线区的生态补偿，旨在协调利益相关者的利益关系规范其行为。因此，根据已有研究，构建合理的补偿机制框架是第一要务。牧民作为理性经济人，在生态保护红线区生态补偿政策正式实施前，基于牧民的受偿意愿来确定补偿标准以及影响因素，对于激发牧民参与生态保护红线政策具有重要意义。同时，识别生态保护红线区草原主导生态系统服务，进行主导服务价值的测算，提出针对草原生态的补偿的方案。基于此，首先，本书提出在生态保护红线区生态补偿中，纳入"草原生态"的补偿；其次，纳入"牧民偏好"，即牧民对政策的需求。总之，不能仅仅从其划定本身增加生态补偿，而是应该基于国家对草原进行补奖的基础上，开展综合性的补偿，从而构建全覆盖性的生态补偿机制，具体如图3－3所示。目前来看，不论是要素补偿还是区域补偿，均需考虑补偿机制运行过程中的关键要素。

3.3.3.1 重构的原则

（1）科学性原则。在资源环境承载力和国土空间开发适宜性评价的基础上，按照生态系统服务功能的重要性、脆弱敏感性识别生态保护红线的范围，并落实到国土空间，同时加强跨区域间的生态保护红线的有序衔接，确保生态保护红线布局合理、落地准确、边界清晰。

（2）协调性原则。生态保护红线的划定，需要多部门联动，上下结合等。生态保护红线划定以最新的土地现状调查数据和地理国情普查数据为基础，与永久基本农田保护红线和城镇开发边界相协调，原则上不交叉。

（3）可行性原则。生态保护红线的划定是当前国土规划中关于"三区三线"中的主要内容之一。生态保护红线区不是无人区，为可持续发展预留了空间，符合当前生态保护的要求。

（4）特色性原则。围绕内蒙古"两屏三区"为主体的生态安全战略格局，尤其是考虑草原主导的生态系统服务价值，结合内蒙古实际情况，划定体现了内蒙古区域特色的生态保护红线，统筹山水林田湖草的系统保护，突出草原生态系统和沙地（沙漠）生态系统的保护。

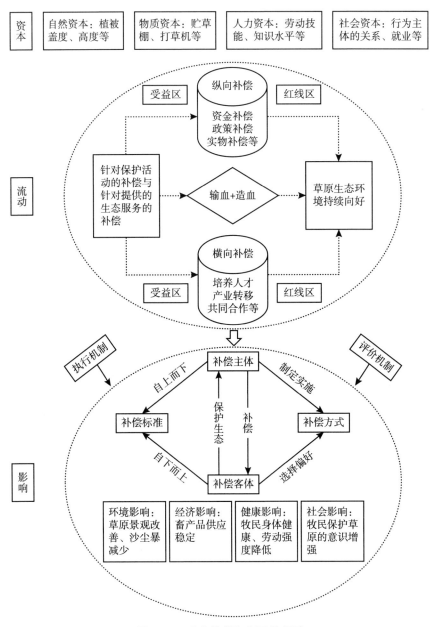

图 3 - 3　生态补偿机制重构思路

3.3.3.2　机制重构的核心要素

（1）补偿对象的界定。生态保护红线划定范围大，类型多样，实际受益人难以承担这样的高成本，因此政府和能明确受益的关联区域应该是主要的补偿主体。而关于受偿主体，本书主要基于红线区牧民的视角，探讨他们对划定红线的看法，以及遵守政策的受偿意愿。

（2）补偿范围的界定。按照《生态保护红线划定技术指南》的要求，生态保护红线内区域通常包括风景名胜区核心景区、森林公园核心景观区和生态保育区、湿地公园保育区和恢复重建区等，不同类型的生态保护红线区有着不同的生态功能，因此，任何类型的生态保护红线都应该被纳入生态补偿的范围。

（3）补偿标准的确定。红线区生态补偿标准的制定是政策能否顺利实现的关键所在。在政策完全落地前，通过考虑区域内牧民的受偿意愿，以及综合考虑红线区草原生态系统输出的巨大价值量，来确定各类生态红线区的生态补偿标准。

（4）补偿资金来源和补偿方式的选择。在现行的生态保护环境政策中，不论是要素补偿还是区域补偿，补偿标准与生态系统提供的生态价值远远偏离，因此，为了实现生态保护红线制度的社会公平性，应该拓宽资金来源，通过资金补偿和非资金补偿形式（园区合作、培养人才、社会保障等）来发挥作用。同时，生态保护红线划定后，牧民在承担生态建设和环境保护任务的同时也失去了一定的发展机会，因此生态红线区的补偿方式应该包括直接补偿方式和间接补偿方式，其中，生态保护红线作为更严格的生态保护制度，应该在满足牧民需求的情况下，更加提倡间接补偿方式，例如，结合生态恢复工程，为牧民进行生产生活方式的转型提供资金支持；并且持续关注牧民的生计，通过多样化的补偿方式，达到改善牧民生计的目标。

（5）补偿执行机制的分析。监督管理机制是建立和完善草原生态补偿制度必要的保障，应该分区分类管控，并根据评估结果采取相应的补奖惩措施。生态保护红线区环境保护明显向好的区域，可以除了基础性的补偿外，再增加奖励性的补偿。另外，对于未保护还退化的区域，可以取消基础性的补偿，同时，补偿监督管理机制需要更多相关主体的共同合作。

3.4　本章小结

本章内容包括明确相关的理论、对相关概念的界定。第一，对生态价值理论、外部性和公共物品理论、"社会–经济–自然"复合生态系统理论、承载力和适宜性理论、能力理论、博弈理论进行了梳理和分析，并根据本书的研究内容进行了探讨；第二，对研究内容的核心词"生态保护红线""草原生态补偿机制""主导生态系统服务""重构"，进行了概念界定；第三，基于生态价值理论、外部性和公共物品理论，明确了它是实施草原生态补偿机制的重要依据，同时对草原生态系统提供的服务功能价值进行评估是生态价值理论的基础；第四，依托社会–经济–自然复合生态系统，明确为了保证草原生态的持续向好，划定生态保护红线后，需要将"人–草–畜"作为整体来考虑；第五，通过梳理效用价值理论，分析了牧民对政策实施时的受偿意愿，明确了补偿标准的测算方法；第六，基于能力理论，构建了牧民能力对补偿方式影响的基本框架，基于博弈理论，分析了构建激励约束机制的过程，探讨了利益相关者的决策行为，并在此基础上，探讨了红线区草原生态补偿机制重构的原则和核心要素，以期为政策的高效实施提供理论指导。

第 4 章
锡林郭勒生态保护红线
划定的实践及补偿情况

4.1　锡林郭勒生态保护红线区域建设现状

4.1.1　内蒙古生态保护红线划定情况[①]

以筑牢北方重要生态安全屏障为目标，按照《关于划定并严守生态保护红线的意见》要求，结合内蒙古的实际情况，内蒙古针对性地开展了水源涵养、水土保持、防风固沙，以及生物多样性等生态重要性评估和水土流失、土地沙化等生态环境敏感性评估，目前全区生态功能极重要区面积为 58.31 万平方千米，生态环境极敏感区面积为 23.69 万平方千米（见表 4 – 1），二者叠加（扣除重叠面积）。

[①]　2018 年《内蒙古自治区生态保护红线划定方案》。

表 4 - 1   内蒙古生态保护红线分类及占比

区域	服务功能	区域面积（万平方千米）	占比（%）
生态功能重要区	水源涵养	18.92	15.99
	水土保持	12.04	10.18
	防风固沙	21.14	21.90
	生物多样性	25.91	14.16
生态环境极敏感区	水土流失	6.44	5.44
	土地沙化	17.30	14.02

资料来源：2018 年《内蒙古自治区生态保护红线划定方案》。

在科学评估的基础上，通过各类禁止开发区域及其他保护地进行叠加校验、边界处理（融合、聚合、去碎斑等），将现状和规划衔接、跨区域协调、上下衔接等环节，去除永久基本农田、城镇建成区和规模较大的建设用地、工矿集中地等区域，形成内蒙古自治区生态保护红线划定方案，总面积 67.35 万平方千米，占全区总面积的 56.93%。

内蒙古生态保护红线呈现"一带三屏两区"的空间分布格局。"一带"为沿边万里生态带；"三屏"为大兴安岭生态屏障、阴山生态屏障和贺兰山生态屏障，主要生态功能为水源涵养和生物多样性维护，"两区"为草原区和沙化防治区，主要生态功能为防风固沙、生物多样性维护和水源涵养，全区生态保护红线分为四大类 19 个生态保护红线片区。

4.1.1.1　水源涵养生态保护红线

水源涵养生态保护红线主要分布于大兴安岭、辽河源、黄河流域等，包括 4 个分区，总面积 15.74 万平方千米，占生态保护红线总面积的 26.36%。

（1）大兴安岭水源涵养和生物多样性维护生态保护红线。它位于大兴安岭山地，涉及呼伦贝尔市、兴安盟、通辽市、赤峰市、锡林郭勒盟。划定面积为 15.48 万平方千米，占全区生态保护红线总面积的 25.93%。该区域北部植被类型主要是以兴安落叶松为代表的寒温带落叶针叶林，广泛分布于丘陵和低山区；南部主要为落叶阔叶林，在林缘及河谷发育了沼泽化灌丛和灌丛化沼泽，具有重要的涵养水源功能，在保持土壤和维护生物多样性方面也具有重要作用。其中大兴安岭东麓的莫力达瓦达斡尔族自治旗、阿荣旗、扎兰屯市、扎赉特旗、科尔沁右翼前旗、乌兰浩特市、突泉县、科尔沁右翼中旗、霍林郭勒市、扎鲁特旗属于水土流失极敏感区域。

（2）大黑山水源涵养生态保护红线。它位于赤峰市敖汉旗与辽宁省朝阳市交界处的大黑山。划定面积为768.86平方千米，占全区生态保护红线总面积的0.13%。该区域的植被类型主要为暖温带落叶阔叶林，多以蒙古栎、油松、白桦和山杨不同组合形成的呈片状形式分布，具有重要的涵养水源功能，在保持土壤和维护生物多样性方面也具有重要作用，同时敖汉旗为水土流失极敏感区域。

（3）赤峰南部燕山山地水源涵养和水土保持生态保护红线。它位于燕山山地，涉及赤峰市宁城县、喀喇沁旗。划定面积为1683.46平方千米，占全区生态保护红线总面积的0.28%。该区域植被类型主要为温带落叶阔叶林，天然林主要分布在海拔600~700米的山区，主要有蒙古栎、山杨、桦树等，具有重要的涵养水源功能。其中，宁城县、喀喇沁旗为水土流失极敏感区域。

（4）呼伦贝尔市东部嫩江水源涵养生态保护红线。它位于呼伦贝尔市东部，与黑龙江省黑河市和齐齐哈尔市相邻的嫩江西岸，涉及鄂伦春自治旗、莫力达瓦达斡尔族自治旗。划定面积为153.13平方千米，占全区生态保护红线总面积的0.03%，主要包括了嫩江和尼尔基水库。该区域在大兴安岭东侧山麓向松辽平原的过渡地带，降水丰富，河网密度大，支流多，河床宽阔，水质良好，具有重要的涵养水源功能。

4.1.1.2　水土保持生态保护红线

水土保持生态保护红线主要分布于清水河、和林格尔县、准格尔旗、达拉特旗以及黄河内蒙古段等，包括 2 个分区，总面积为 4711.80 平方千米，占全区生态保护红线总面积的 0.79%。

（1）黄土高原北麓水土保持生态保护红线。它位于呼和浩特市清水河县南部与山西省交界处，涉及清水河县。划定面积为 2319.52 平方千米，占全区生态保护红线总面积的 0.39%。该区域水土流失敏感度高，是全区水土流失最严重的地区，为土壤保持极重要区域。

（2）黄河内蒙古段水土保持生态保护红线。它位于黄河内蒙古段水域及沿黄湿地，涉及乌海市、巴彦淖尔市、鄂尔多斯市、包头市和呼和浩特市。划定面积为 2392.28 平方千米，占全区生态保护红线总面积的 0.40%。该区域分布沼泽湿地、河流湿地和滩涂湿地等，具有重要的涵养水源功能；生物多样性较为丰富，不仅是珍稀濒危鸟类的迁徙中转站和栖息地，而且是保护湿地生态系统生物多样性的重要区域。

4.1.1.3　生物多样性维护生态保护红线

生物多样性维护生态保护红线主要分布于松嫩平原、阴山山脉、鄂尔多斯高原、贺兰山山地等，包括 4 个分区，总面积为 16.41 万平方千米，占全区生态保护红线总面积的 27.49%。

（1）松嫩平原生物多样性维护生态保护红线。它位于兴安盟东南部，内蒙古与黑龙江、吉林三省区的交会地带，涉及扎赉特旗、科尔沁右翼中旗。划定面积为 1558.19 平方千米，占全区生态保护红线总面积的 0.26%。该区域以保护大鸨、鹤类、鹳类等珍稀鸟类为主，以及疏林草原、湿地生态系统，对区域生物多样性维护具有重要意义。

（2）西鄂尔多斯－贺兰山－阴山生物多样性维护生态保护红线。它位于贺兰山、鄂尔多斯高原、库布齐沙漠、阴山山脉，涉及阿拉善盟、巴彦淖尔市、鄂尔多斯市、乌海市、包头市、呼和浩特市和乌兰察布市。划定面积为 2.35 万平方千米，占全区生态保护红线总面积的 3.93%。该区域建有内蒙古贺兰山、西鄂尔多斯、哈腾套海、大青山、乌拉山、梅力更等多个国家级和自治区级自然保护区，对保护沙冬青、四合木、半日花、绵刺、盘羊等珍稀动植物，以及山地和荒漠生态系统等具有重要作用。此外，该区位于我国中温带干旱－半干旱地区，在涵养水源和防风固沙方面也发挥着重要作用。该区以山地森林和荒漠植被为主，生态环境非常脆弱，一旦遭到人为破坏就很难恢复。其中，鄂托克前旗和鄂托克旗为土地沙化极敏感区域。

（3）呼伦贝尔草原生物多样性维护和防风固沙生态保护红线。它位于呼伦贝尔草原区和呼伦贝尔沙地，涉及呼伦贝尔市新巴尔虎右旗、新巴尔虎左旗、陈巴尔虎旗、额尔古纳市、鄂温克旗。划定面积为 4.42 万平方千米，占全区生态保护红线总面积的 7.40%。该区域以草原、湖泊湿地、沙地为主，对防风固沙和生物多样性维护具有重要作用。

（4）锡林郭勒草原生物多样性维护和防风固沙生态保护红线。它位于锡林郭勒盟及赤峰市克什克腾旗西北部。划定面积为 9.49 万平方千米，占全区生态保护红线总面积的 15.90%。区域内以草原生态系统为主，主要保护对象为草甸草原、典型草原和河谷湿地生态系统，对防风固沙和生物多样性维护具有重要作用。其中，锡林郭勒盟的苏尼特左旗、苏尼特右旗为土地沙化的极敏感区域。

4.1.1.4 防风固沙生态保护红线

防风固沙生态保护红线包括呼伦贝尔草原、锡林郭勒草原、阴山北部、科尔沁沙地、浑善达克沙地、毛乌素沙地、阿拉善东部、腾格里沙漠、巴丹吉林沙漠、黑河中下游、马鬃山等 9 个分区，总面积 27.08 万平方千米，占生态保护红线总面积的 45.36%。

（1）阴山北部防风固沙生态保护红线。它位于阴山北麓荒漠草原区，涉及乌兰察布市、巴彦淖尔市、包头市。划定面积为 4.64 万平方千米，占全区生态保护红线总面积的 7.77%。该区域气候干旱，沙化敏感性程度极高，是主要风沙源之一，属于防风固沙重要区。其中，乌兰察布市的四子王旗和包头市的达尔罕茂明安联合旗为土地沙化的极敏感区域。

（2）科尔沁沙地防风固沙生态保护红线。它位于科尔沁沙地，涉及赤峰市、通辽市和兴安盟。划定面积为2.05万平方千米，占全区生态保护红线总面积的3.43%。科尔沁东部和东北部有少量钙土分布，西部大兴安岭山前冲积扇上主要为栗钙土，南部黄土丘陵山地主要是褐土、黑垆土。沙质平原广泛分布，其中风沙土是主要土壤，生态环境脆弱，是防风固沙重要区。

（3）浑善达克沙地防风固沙生态保护红线。它位于锡林郭勒高原中部，东起大兴安岭西麓达里诺尔以东的低山丘陵区向西延伸到苏尼特右旗南部，涉及锡林郭勒盟和赤峰市。划定面积为4.14万平方千米，占全区生态保护红线总面积的6.93%。该区域是环北京地区五大沙地之一，是环京津风沙源区重点治理的区域，属于防风固沙的重要区域。

（4）毛乌素沙地防风固沙生态保护红线。它位于鄂尔多斯市乌审旗、鄂托克前旗和鄂托克旗境内。划定面积为4910.95平方千米，占全区生态保护红线总面积的0.82%。该区域属内陆半干旱气候，发育了以沙生植被为主的草原植被类型，土地沙漠化敏感性程度极高，对区域防风固沙具有重要作用。应建立以"带、片、网"相结合为主的防风固沙体系。

（5）东阿拉善防风固沙生态保护红线。它位于阿拉善盟东部和巴彦淖尔市西部，涉及阿拉善左旗、乌拉特后旗和磴口县。划定面积为1.41万平方千米，占全区生态保护红线总面积的2.35%。该地区对保护沙冬青、四合木、半日花、绵刺等古老残遗濒危植物，以及荒漠生态系统具有极为重要的作用。此外，该区位于我国中温带干旱-半干旱地区，在涵养水源和防风固沙方面也发挥着重要作用。

（6）腾格里沙漠防风固沙生态保护红线。它位于阿拉善盟阿拉善左旗南部。划定面积为3.39万平方千米，占全区生态保护红线总面积的5.67%。包括内蒙古腾格里沙漠自治区级自然保护区，生态系统类型为沙漠自然生态系统，以荒漠植被类型为主体，草原化荒漠占较大比例为特征的植物区系，代表植物为沙冬青、霸王柴、白刺、白沙蒿、红砂、藏锦鸡儿和小针茅等，另外，以鹅喉羚、荒漠猫、金雕、大天鹅等为代表的珍稀野生动物及其栖息生境以及沙漠湖泊为主要保护对象的湿地生态系统。

（7）巴丹吉林沙漠防风固沙生态保护红线。它位于阿拉善盟阿拉善右旗境内，面积约 4.63 万平方千米，约占全区生态保护红线总面积的 7.76%，包括巴丹吉林、巴丹吉林沙漠湖泊自治区级自然保护区。该地区沙山沙丘、风蚀洼地、剥蚀山丘、湖泊盆地等交错分布，并以流动沙丘为主，对区域防风固沙具有重要作用。

（8）黑河中下游防风固沙生态保护红线。它位于阿拉善盟额济纳旗境内的黑河中下游冲积平原。划定面积为 2.57 万平方千米，占全区生态保护红线总面积的 4.30%。该区域沙漠化和盐渍化敏感性高，对防风固沙具有重要作用。黑河中游人工绿洲扩展和灌溉农业发展，导致生态用水减少，草地面积减少，沙化土地分布广泛等。

（9）阿拉善西北部防风固沙生态保护红线。它位于阿拉善盟北部、额济纳旗西部与甘肃省交界处，涉及额济纳旗、阿拉善左旗和阿拉善右旗。划定面积为 3.77 万平方千米，占全区生态保护红线总面积的 6.32%。主要包括中蒙边境地区、马鬃山地区。植被以胡杨林、梭梭林、红砂灌丛等荒漠植被为主，分布的珍稀濒危动植物主要有发菜、瓣鳞花、革苞菊、野骆驼、蒙古野驴、盘羊等。该地区沙山沙丘、风蚀洼地、剥蚀山丘、湖泊盆地交错分布，并以流动沙丘为主，对区域防风固沙具有重要作用。

4.1.2 锡林郭勒盟生态保护红线划定情况

锡林郭勒地处内蒙古高原中部，区域面积是 202600 平方千米，属温带干旱半干旱大陆性季风气候，年降水量大部分地区 200~350 毫米，西部地区不足 150 毫米，截至 2018 年常住人口是 104.26 万人。按照"多规合一""划管结合"的总体思路，完成划定的红线面积是 129596.42 平方千米，占区域总面积的 63.97%（见表 4-2）。

表 4-2   各个旗县生态保护红线划定情况

县级行政区 名称	面积 （平方千米）	人口 （万人）	生态保护红线 面积（平方千米）	生态保护红线 面积比例（%）
锡林浩特市	14841.8	18.69	7307.65	49.24
二连浩特市	4015.10	3.22	42.61	1.06
苏尼特左旗	34268.6	3.46	25822.09	75.35
苏尼特右旗	26319.1	6.81	17357.62	65.95
阿巴嘎旗	27551.6	44.44	21022.27	76.30
东乌珠穆沁旗	45875.5	8.14	32560.23	70.98
西乌珠穆沁旗	22627.1	8.02	12287.54	54.30
镶黄旗	5144.78	3.15	2745.37	53.36
正镶白旗	6269.45	7.23	2494.26	39.78
太仆寺旗	3436.92	21	703.04	20.46
正蓝旗	10247.7	8.4	6492.95	63.36
多伦县	3884.18	11.05	760.79	19.59
合计	202600	104.26	129596.42	63.97

资料来源：2018 年《内蒙古生态保护红线划定方案》。

4.2　锡林郭勒生态补偿实施情况

内蒙古于 2011 年和 2016 年相继出台了《内蒙古草原生态保护补助奖励政策实施方案》与《新一轮草原生态保护补助奖励政策实施指导意见（2016—2020）》，目的是通过向牧民提供禁牧补助与草畜平衡奖励，引导牧民自觉减畜，减轻牧区超载过牧现象，力图使草原生态持续退化趋势得到有效遏制与改善，产草量显著提高，农牧民收入稳步增长。以自治区出台的政策为参照，针对锡林郭勒盟，2011 年，国家启动草原生态保护补助奖励政策，全盟 11 个旗市（区）的 2.71 亿亩草场列入项目实施范围，其中禁牧 6168.93 万亩，草畜平衡 20969.71 万亩。五年累计投入补奖资金

42.85 亿元，同时盟里配套出台了养老、助学等 4 项扶持政策，全盟 7 万多户、20 多万农牧民从中受益。2016 年起全盟新一轮草原生态保护补助奖励政策总规模 27177 万亩，其中，禁牧区 5083.90 万亩（常规禁牧 2134.77 万亩、固定打草场禁牧保护 2748.65 万亩、草原特殊生态功能区禁牧保护 200.48 万亩）、草畜平衡区 22093.1 万亩，较第一轮增加面积 38 万亩（禁牧减少 1086 万亩、草畜平衡增加 1123 万亩），另外，国家补奖资金总额 11.4 亿元/年，较第一轮平均增加 2.9 亿元/年，政策覆盖 12 个旗县市（区）（二连浩特市计划单列，新增多伦县）、69 个苏木乡镇（场）、685 个嘎查村（分场）、10 万余户、32 万余农牧民。

4.2.1　经济社会效益情况

根据锡林郭勒盟的统计年鉴以及查阅相关资料可知，一系列生态保护环境工程的实施，促进了当地畜牧业的发展，2011～2013 年，全盟的生产总值波动较大，但是整体较平稳（见图 4-1）。

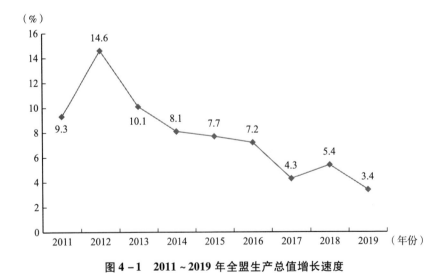

图 4-1　2011～2019 年全盟生产总值增长速度

资料来源：2011～2019 年《锡林郭勒盟统计年鉴》。

实施草原生态保护工程不仅促使牧区产业结构发生了调整，同时，各产业所占比重也发生了变化，2011～2019 年，第一产业对经济增长的贡献率总体波动较小，随着时间的推移，第二产业和第三产业的比重呈负向关系，从第二轮草原生态保护政策实施开始，第三产业的发展相对第二产业波动较大（见图 4－2）。

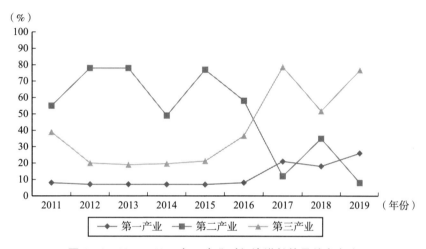

图 4－2　2011～2019 年三产业对经济增长的贡献率占比

资料来源：2011～2019 年《锡林郭勒盟统计年鉴》。

同理，第一、第二、第三产业占全盟生产总值的比值中，第一、第二、第三产业发展呈增长趋势也在发生变化（见图 4－3），尤其在第二轮生态保护政策实施的过程中，第二产业呈现稳定下降发展，这也表明了草原生态治理的必然趋势。

由图 4－4 和图 4－5 显示，随着草原生态治理工程的实施，锡林郭勒盟全盟牧区旗县的人均总收入波动不大，基本稳中有增。其中，家庭经营性收入和转移性收入是牧民收入的主要来源。草原畜牧业是牧民主要的生计来源，只有牧民收入提高了，草原上的地方经济才会迅速发展起来。依据相关资料，近几年，牧民的人均可支配收入呈上升趋势，增长速度呈现先下降后上升的趋势，但是仍然存在增长速度慢、没有达到之前的水平的问题（见图4-6）。

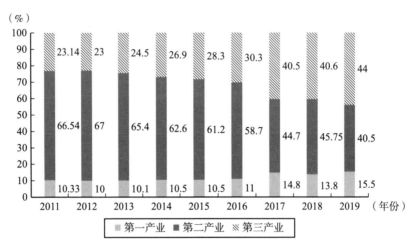

图4-3 2011~2019年三产业增加值占全盟生产总值的比例

资料来源：2011~2019年《锡林郭勒盟统计年鉴》。

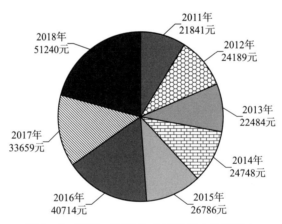

图4-4 2011~2018年全盟牧区人均总收入

资料来源：2011~2018年《内蒙古自治区草原监测报告》。

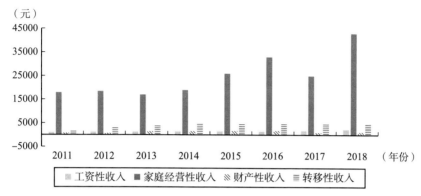

图 4 – 5　2011～2018 年全盟牧区收入分布

资料来源：2011～2018 年《内蒙古自治区草原监测报告》。

图 4 – 6　2011～2019 年全盟人均可支配收入及增长速度

资料来源：2011～2019 年《内蒙古自治区草原监测报告》。

4.2.2　生态效益分析

随着一系列生态保护政策的实施，锡林郭勒盟的生态保护和建设不断投入，牧区的草原生态环境整体变好。根据 2019 年《内蒙古自治区草原监测报告》显示，生态工程实施区和未实施区相比，2011～2019 年全盟草原平均植被盖度为 45.26%、高度为 26.29 厘米、产草量为 57.9 千克/亩，实施区植被的长势总体高于未实施区（见表 4 – 3）。

表 4 – 3   生态工程实施区域和未实施区域对比

监测区域	植被盖度（%）	植被高度（厘米）	干草产量（千克/亩）
实施区	45.26	26.29	57.9
未实施区	40.35	25.83	39.58
对比值	4.91	0.46	18.32

资料来源：内蒙古草原勘察设计院。

　　以正蓝旗、苏尼特左旗、东乌珠穆沁旗为例，由两期中分辨率成像光谱仪（MODIS）数据对比分析结果显示，2019 年三个旗县的植被高度提高 7～9 个百分点（见图 4 – 7），平均干草量增幅为 7.49～18.56 千克/亩（见图 4 – 8）。所监测旗县植被平均高度 2019 年与 2011 年对比，正蓝旗、苏尼特左旗、东乌珠穆沁旗分别提高了 7%、7%、9%。对于干草产量来说，正蓝旗由 2011 年的 27.64 千克/亩提高到 2019 年的 35.13 千克/亩，增幅为 26.9%、苏尼特左旗由 2011 年的 38.06 千克/亩提高到 49.27 千克/亩，增幅为 29.5%，东乌珠穆沁旗由 2011 年的 45.06 千克/亩提高到 63.62 千克/亩。

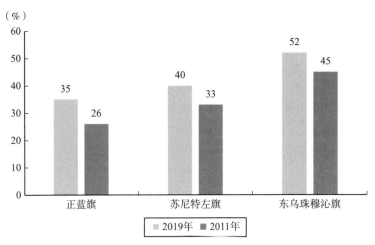

图 4 – 7　2011 年和 2019 年植被盖度对比

资料来源：2011 年和 2019 年《内蒙古自治区草原监测报告》。

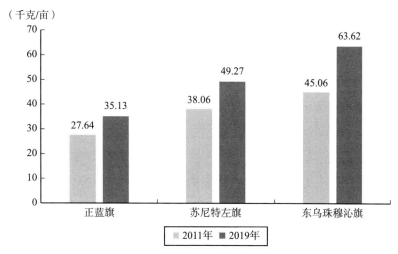

图 4 - 8 2011 年和 2019 年干草产量对比

资料来源：2011 年和 2019 年《内蒙古自治区草原监测报告》。

由以上可知，植被盖度和干草产量明显增加，由监测报告可知，工程区内的明沙面积也在减少，最新的监测报告显示，对沙地进行草原生态保护工程遥感监测，20 世纪 80 年代沙地平均植被高度为 55.49%，干草产量为 68.26 千克/亩；到 21 世纪初，平均植被高度下降为 32.88%，干草产量下降为 40.67 千克/亩；2016～2018 年平均植被高度提高到 41.11%，干草产量增加到 62.25 千克/亩，较 21 世纪初生态状况明显好转，但是仍然没有恢复到 20 世纪 80 年代初（见图 4-9 和图 4-10）。

4.2.3 目前存在的问题

从现有的补偿实施的情况来看，以内蒙古自治区政府实施的草原生态补助奖励政策为基础，第二轮草原生态补偿标准比第一轮有所提高，但是就锡林郭勒盟目前的补偿实践来看，草原生态工程实施的过程中仍然存在一些问题，结合牧区调研的实际情况，从补偿标准、补偿方式以及监督管理等方面总结了目前草原生态补偿机制实施的过程中存在的问题。

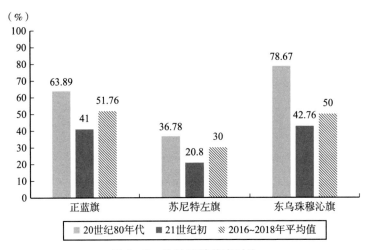

图 4 - 9　沙地植被盖度对比

资料来源：2018 年《内蒙古自治区草原监测报告》。

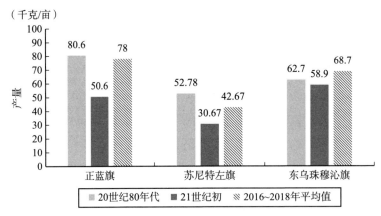

图 4 - 10　沙地干草产草质量

资料来源：2018 年《内蒙古自治区草原监测报告》。

4.2.3.1　草原生态保护建设形势依然严峻

从自然特点角度看，锡林郭勒盟降水偏少，年际不均，变率较大，水热失衡，这一特殊的气候特征，决定了锡林郭勒草原生态保护建设的艰巨性；从类型分布角度看，由西向东渐次为荒漠半荒漠草原、沙地植被、典型草原、草甸草原，这一特殊的植被类型，决定了锡林郭勒草原生态保护建设的复杂性。通过多年的治理，虽然取得了"总体恶化趋势得到有效遏制，局部地区明显好转"的初步成效，但总体而言，草原生态系统依然十分脆弱，退化沙化趋势仍未得到根本扭转，保护利用中一些深层次的矛盾还没有从根本上解决，大量生态成果有待巩固提升，需要采取更加严格的生态保护措施。

4.2.3.2 适宜载畜量核定方面需进一步完善

大部分旗县认为，本轮草畜平衡区适宜载畜量核定方面尚不够完善，核定过程中对于结合草原生态实际情况、人工草地饲草料补充因素、舍饲圈养等因素考虑不足，草原生产力由于变化的降水、温度等气候因子，存在季节性的草地不平衡的问题，应该构建动态的载畜量标准体系，建议科学、合理测算核定下一轮适宜载畜量。其中北部旗县普遍反映，本地草原实际承载能力与核定的适宜载畜量存在一定误差。多伦县、苏尼特右旗、镶黄旗等旗县结合季节性禁牧、人工饲草基地种植补充、冬羔提前补饲出栏等因素，建议载畜量核定方面进一步充分考虑人工种植饲草补充、舍饲圈养等因素进一步科学核定下一轮适宜载畜量。

4.2.3.3 目前的补偿标准难以弥补牧民参与政策的损失[①]

（1）根据现有针对草原的补偿，牧民认为补偿标准偏低。第一，基于全盟人均可支配收入角度，目前，全盟牧区补奖区域面积 2.68 亿亩，人均草场面积是 1056 亩（南部旗县区人均草场面积 300 亩），按照当期补奖政策禁牧 9 元/亩，禁牧区人均补助 9504 元，与当前全盟牧区人均可支配收入 20555 元有一定的差距。第二，2018 年，经过草场流转平台数据统计，全盟流转草场面积达到 1200 万亩，草场流转价格荒漠及退化地区 4~5 元，

---

① 根据本书课题组调研统计整理。

典型草原等优质草场已达 10 元左右，打草场达到 20~40 元，当前的补助奖励标准，相对于草场流转收益而言，政策的吸引力不足，不利于草场的保护。第三，从减畜损失方面分析，当前补助标准尚不足以弥补减畜损失。当前全盟日历年度载畜量标准为 35.97 亩/羊单位，以饲养乌珠穆沁羊为例，人均 1056 亩草场可饲养过冬牲畜 30 羊单位（基础母羊），年产羔羊 30 只左右，当年羔羊市场价约为 800 元，扣除母羊饲养支出成本约为 300 元/只（饲草料、驱虫药浴费、配种费、饮水用电等），每只羊利润约 500 元，人均纯收入 15000 元。禁牧区实现零放牧，按照当前补助 9 元的标准测算，禁牧补助资金 9504 元，减畜损失为 5496 元。草畜平衡区人均收入为 18168 元，同时由于物价不断上涨等因素的存在，使生产和生活成本不断上升，持续稳定增收动力不足。第四，结合草原产草量估算产值方面，2011~2019 年草原产草量平均值 57.93 千克/亩，按照当年干草平均 1600 元/吨，每公斤 1.6 元，直接产值 93 元/亩，牲畜的市价行情向好，但是饲草料的支出也在增加，当前补奖标准仍有较大差距。

（2）牧民对草原生态保护补奖资金性质认识存在不到位的问题，总以补助、上级扶持资金看待，存在依赖补奖资金，甚至有部分牧民以补奖资金名义，提前消费，借贷甚至借高利贷现象，埋下了致贫返贫的隐患。因此，目前的补偿资金小于补偿下限值，存在补偿缺口。下一步应该以国家对重点生态功能区转移支付为基础，考虑生态保护红线面积和红线区主导的生态系统服务，进而追加资金，弥补生态补偿工程资金缺口，即侧重提升草原的社会经济绿色综合发展，对于草原生态的保护具有更长远的意义。

4.2.3.4　单一的补偿方式降低了政策的效率①

目前，锡林郭勒盟的草原生态补偿方式主要是现金补偿，它是最直接

---

①　根据本书课题组调研统计整理。

的方式，但是也存在如果现金补偿的福利结束或者没有到位，政策的效率会大打折扣，并且"自上而下"的补偿方式，也容易忽略牧民的偏好和诉求。根据调研，牧民对饲草料保障、技术培训、贷款优惠、配套社会保障等都有不同程度的需求，例如，通过鼓励引导牧民接冬羔、早春羔，推行早期断奶、母子分群、放牧加补饲、短期育肥等饲养技术，不仅提高养殖效益，保证了基础母羊膘情，还减轻牧草生长期仔畜对牧草的啃食，有效保护了草原生态。2017 年接冬羔、早春羔提前育肥出栏 80 万只。强化政策引导，鼓励发展肉牛育肥，挖掘增收空间。2017 年初级育肥出栏肉牛 8 万头，平均每头净利润达到 800 ~ 1500 元。另外，当前草原生态保护补助奖励政策取消了上级补奖政策绩效奖励后续产业发展资金及工作经费，盟级禁牧区养老补助政策未能如期兑现等，一定程度上影响补奖政策监管、政策实施效果以及政策实施成果巩固。2018 年城乡居民个人缴费标准为 180 元，各级财政补助标准每人每年 490 元，居民医保政策范围内住院费用报销比例平均达到 70%，上半年全盟城乡居民参保登记人数达到 68.58 万人，已到位城乡居民基金 3.12 亿元，截至目前 85865 人次报销城乡居民基金 1.99 亿元。城乡低保标准按 5% 和 7.5% 比例提高，分别达到月人均 648 元和年人均 7910 元，全盟城乡供养标准平均达到月人均 1200 元和年人均 13600 元。

4.2.3.5 草原生态补偿监管薄弱、缺乏有效评估

在实际监管过程中，破坏草原生态违法行为成本较低。

（1）各地普遍反映管护费用高，管护难度大。各级政府的工作量剧增，投入大量人力物力维持草原生态补奖政策的运行，压力很大，随着近几年来地方财政压力加大，草原执法经费与草原监测经费问题更加凸显。管护草场区域大，基层草原执法部门存在监管技术手段落后等困难，工作效率不高。草原管护多以巡查方式为主，监管、监测措施仍采用"人盯、眼看"为主，且重点管控牲畜数量，草原管护、监测工作缺乏现代化的监管

监控手段，工作效率低下，成本偏高，精准度差。执法车辆不足和老化严重，技术人员队伍缺乏，牧民管护员报酬低，管护费用高，均增加了管护难度。正在推进的大数据监控等现代技术手段，也面临资金困难的问题。

（2）草场租赁方面，对草原生态的冲击、破坏较大。基层牧民反映，草场租赁者，特别是嘎查外来人员租赁草场后，为了实现利益最大化，无视草场承载量，无视草原生态保护，过多放牧，极度破坏草原生态，而嘎查内部牧民和合作社租赁草场的人员相对注重草原生态保护。

（3）草原法律法规偏软，草原执法难。第一，是草原法律法规规定处罚额度偏低，又缺少行政强制权，违法收益远大于行政处罚，出现宁愿交罚款受处罚，也要违法的现象，根本遏制违法行为比较困难。第二，部分监管领域无标准规程，无处罚法律依据，只能靠宣传引导说服教育推进。第三，草原行政执法与刑事司法衔接不畅，申请法院强制执行难，涉嫌犯罪案件移交司法机关和调查取证存在困难，行政执法缺乏司法后盾支持，法律震慑作用发挥不够。第四，特别是补奖资金发放挂钩工作落实执行情况仍不太理想，部分地区禁牧区违规放牧、草畜平衡区局部超载现象仍然难以有效遏制。

4.3 本章小结

本章主要研究内容包括内蒙古生态保护红线划定的情况、锡林郭勒盟生态保护红线划定的情况，以及目前生态补偿实施情况以及存在的问题。具体来看，首先，对内蒙古自治区生态保护红线划定的面积、种类进行了时空的梳理。其次，对锡林郭勒盟的生态保护红线的划定情况进行了分析，根据政府官方网站以及统计年鉴，对目前锡林郭勒盟的生态补偿的社会经济效益、生态效益进行了分析。最后，提出了目前草原生态补偿机制存在的问题。例如，草原生态环境保护建设形势依然严峻；适宜载畜量核定仍需进一步完善。基于人均可支配收入、草场流转收益、草原产草量估算等方面提出目前草原生态补偿标准难以弥补牧民的损失。单一的补偿方式降低了政策的效率。草原生态补偿监管薄弱、缺乏有效评估。基于以上内容的梳理，明确了生态保护红线划定后，作为较严格的生态保护制度，重构草原生态补偿机制，需重点考虑如何制定合理的补偿标准，怎么确定补偿方式，以及如何通过协调相关主体的利益，来实现生态保护红线区草原生态功能不降低，在下面的研究中将对上述问题进行实证分析，以期为下一步政策的优化指明方向。

第 5 章
生态保护红线区
草原生态补偿标准研究

　　草地资源是生态系统保护的重要抓手，在草地上划定生态保护红线对保护生态环境、草牧业发展具有重要的意义。补偿标准是生态补偿的核心内容，目前关于补偿标准的计算没有统一的算法，常用的研究方法有机会成本法、生态系统服务功能价值法、最小数据法、假想市场价值法（条件价值评估法、选择实验法）等，不同的方法各有优缺点，测算出来的补偿标准也存在一定的差异。在《生态保护红线划定指南》中，强调了生态系统的主导生态功能，本章主要采用生态系统功能价值法和条件价值评估法，具体为：首先，根据公式计算了生态保护红线区草原主导的生态功能的价值；其次，分析了牧民的受偿意愿，这对于激发牧民的积极性和保证政策的顺利实施具有重要的意义。

　　目前内蒙古草原的生态补偿主要是在转移支付的基础上进行资金分配，锡林郭勒盟 2016~2020 年草原生态补偿保护补助奖励的面积为 27177.00 万亩，总资金为 117662.18 万元，其中，中央资金有 114165.00 万元，盟级配套资金有 3497.18 万元。而针对目前划定红线面积较大的三个旗县：正蓝旗、苏尼特左旗、东乌珠穆沁旗，2016~2020 年草原补助奖励政策的面积和资金如表 5-1 所示。

表 5-1 2016~2020 年草原补助奖励面积和资金

旗县		正蓝旗	苏尼特左旗	东乌珠穆沁旗
面积（万亩）		1356.68	5108.80	5750.00
资金 （万元）	中央	9825.42	19644.16	21558.58
	盟级	1237.50	0	228.40
	合计	11062.92	19644.16	21786.98

资料来源：2016~2020 年《内蒙古统计年鉴》。

上述的资金主要来源于财政收入下拨的生态补偿专项资金，由于草原生态补偿项目多、任务重，导致生态治理资金缺口较大，而且配套的资金作为补偿资金来看，难以实现预期的效果。划定生态保护红线后，应该加大生态补偿力度。

5.1 生态保护红线区草原主导
生态系统服务价值的测算

划定生态保护红线后，不同类型的生态功能区的重要性不同，内蒙古生态保护红线主要划分为四大类，分别是水源涵养生态保护红线、水土保持生态保护红线、生物多样性维护生态保护红线、防风固沙生态保护红线。不同类型的生态功能区的重要性不同，但是在《转移支付办法》中并没有将生态功能类型作为转移支付标准的影响因素，容易导致不同类型的生态功能区所享受的转移支付资金金额出现不平衡。因此，本书在生态补偿标准测算中，引入生态保护红线的地区草原主导的生态系统服务来表征生态功能的重要性。

5.1.1 研究方法与数据来源

5.1.1.1 数据来源

本书地区生态总值参考《锡林郭勒盟统计年鉴》，土地覆盖利用数据是通过 Landsat TM/OLI 遥感影像获得，在考虑生态系统服务评估的基础上，结合土地覆盖利用的现状，将目标区域土地覆被类型分为：草地、建设用地、林地、水域、沼泽、滩地、耕地、未利用土地等，本书主要选取生态保护红线区的草原为研究对象，对其物质量和价值量进行计算，从而计算出目标区域草原主导生态系统服务价值。

5.1.1.2 研究方法

本书主要从生态学的角度，根据《生态保护红线生态功能评价技术指南》，在生态功能重要性评估的基础上，采用定量和定性分析的方法，确定区域的主要生态功能。根据《内蒙古自治区生态保护红线划定方案》，确定了锡林郭勒盟生态保护红线管控面积占区域面积较大的三个旗县的主导的生态系统服务类型，然后根据公式法，来评估草原主导生态系统服务功能的价值。

5.1.2 红线区生态系统服务功能类型的界定

生态系统服务功能采用的评估方法主要有模型评估法和净初级生产能力定量指标评估法，根据数据的可获得性，以净初级生产量（net primary production，NPP）为主要研究方法。在国土空间范围内，按照资源环境承载力和国土空间开发适宜性评价技术方法，通过科学评估基础和各类禁止开发区域及其保护地的划定，进行叠加校验，边界处理（融合、聚合、去碎斑等)、现状与规划衔接、跨区域协调、上下对接等环节,去除永久基本农田,城镇建成区和规模较大的建设用地、工矿集中地等区域,形成了内蒙古生态保护红线划定方案,经过与环境保护厅交流座谈。根据生态系统服务功能重要性和生态环境敏感性评估,生态保护红线内,东乌珠穆沁旗、苏尼特左旗主导的生态系统服务功能是防风固沙,正蓝旗主导的生态系统服务功能是防风固沙和水源涵养 (见表 5 – 2)。

表 5 – 2   三个旗县生态保护红线面积和主导生态系统服务功能

县级行政区 名称	生态保护红线 面积 (平方千米)	生态保护红线 面积比例 (%)	主导生态系统 服务功能
正蓝旗	6492.95	63.36	防风固沙、水源涵养
苏尼特左旗	25822.09	75.35	防风固沙
东乌珠穆沁旗	32560.23	70.98	防风固沙

资料来源:2018 年《内蒙古自治区生态保护红线划定方案》。

5.1.3　红线区草原主导的生态系统服务价值评估

5.1.3.1　生态保护红线面积测算

生态保护红线面积测算按照《生态保护红线划定技术指南》中生态资源测算指标,根据划定区域的生态特征,确定生态类型,然后将监测数据 (基础地理信息数据、土地利用现状、气象数据、遥感影像、地表参量等),统一转换为便于空间计算的网格化栅格数据,来计算生态系统服务功能重要性和生态环境敏感性指数,进而确定生态保护红线区域,根据与重点生态功能区、禁止开发区等区域规划结合,与相关专家进行讨论,最后形成生态保护红线空间叠加图。

5.1.3.2　生态保护红线区主导服务价值核算

（1）防风固沙生态功能物质量核算。

根据欧阳志云（2016）的方法，防风固沙量，即潜在风蚀量与实际风蚀量的差值，反映生态保护红线的防风固沙功能的状况，利用修正风蚀方程如下：

$$SFQ = S_{LP} - S_L \tag{5-1}$$

其中，SFQ 为防风固沙量（千克/平方米·年）；S_{LP} 为潜在风蚀量（千克/平方米·年），S_L 为实际风力侵蚀量。

（2）防风固沙生态功能价值量核算。

$$V_{sf} = \frac{SFQ}{(\rho \times h) \times c} \tag{5-2}$$

其中，V_{sf} 为减少土地沙化的价值（元/年）；ρ 为沙砾堆积密度（克/立方米），本书取 1.65 克/立方米；h 为土壤沙化标准覆沙厚度（米），本书按照覆沙厚度超过 0.1 米为轻度沙漠化；c 为治沙工程的平均成本（元/平方米），根据替代成本法，取沙化治理成本值为 1100 元/亩。

（3）水源涵养生态功能物质量核算。

依据欧阳志云等（2016）方法，采用水量平衡方程来计算水源涵养量，它主要与降水量、蒸散发、地表径流量和植被覆盖类型等因素密切相关。

$$Q_{WC} = \sum_{i=1}^{j} (P_i - R_i - ET_i) A_i \tag{5-3}$$

$$Q_{WCS} = \sum_{i=1}^{j} (P_i - R_i) A_i \tag{5-4}$$

其中，Q_{WC} 为总水源涵养量（立方米/天）；Q_{WCS} 为总产水量（立方米/天）；P_i 为降雨量（毫米）；R_i 为地表径流量（毫米）；ET_i 为蒸散发（毫米）；A_i 为第 i 类生态系统的面积；i 为研究区第 i 类生态系统类型；j 为研究区生态系统类型数。其中，地表径流（R_i）由降雨量乘以地表径流系数获得，计算公式如下：

$$R = P \times \alpha \tag{5-5}$$

其中，R 为地表径流量（毫米）；P 为降雨量（毫米）；α 为平均地表径流系数，《资源环境承载能力监测预警技术方法（试行）》报告给出了不同生态系统类型的平均径流系数，《资源环境承载能力监测预警技术方法（试行）》报告中没有给出蒸散发 ET 的计算方法，本书采用《生态保护红线划定技术指南》计算方法：

$$ET = \frac{P(1 + \omega \times ET_0/P)}{1 + \omega \times ET_0/P + P/ET_0} \tag{5-6}$$

其中，P 为多年平均年降水量（毫米）；ET 为实际蒸散发量（毫米）；ET_0 为多年平均潜在蒸散发量（毫米）；ω 为下垫面（土地覆盖）影响系数（见表 5-3）。

表 5-3　　　　　　　水源涵养功能重要性评价参数 ω 参考取值

土地利用类型	耕地	林地	灌丛	草地	人工用地	其他
ω 取值	0.5	1.5	1	0.5	0.1	0.1

资料来源：《生态保护红线划定技术指南》。

（4）水源涵养生态功能价值量核算。

$$V_w = Q_{WC} \times c$$

其中，V_w 为水源涵养价值量（元），c 为建设单位库容的工程成本（元/立方米）。

5.1.4　主导生态系统服务的价值时空变化以及价值估算

为了更好揭示生态保护红线区草原的主导生态系统服务价值的变化，依据表 5-4 的土地覆盖数据（以草地为研究对象）以及公式（5-1）~公式（5-6），得到主导生态服务价值（单位：亿元）及其动态变化情况（见表 5-5）。

表5-4　　　　　　**2000～2020年生态保护红线区生态系统类型**　　　单位：平方千米

土地利用类型	年份	正蓝旗	苏尼特左旗	东乌珠穆沁旗
草地	2000	7450	30921.65	34814.29
	2005	7354.78	30670.07	34759.16
	2010	7555.81	30943.24	34795.57
	2015	7831.78	31086.38	34852.95
	2020	7932.56	31386.47	36859.78
建设用地	2000	33.91	6961.62	39.42
	2005	33.90	7034.11	40.96
	2010	34.98	7030.82	41.57
	2015	60.20	6541.99	91.68
	2020	60.70	6657.88	95.67
林地	2000	84.15	20033.34	453.12
	2005	71.14	19288.99	465.86
	2010	71.04	19427.05	460.98
	2015	117.25	19273.36	476.41
	2020	123.6	19356.58	587.62
水域	2000	95.15	3926.69	858.76
	2005	94.36	4346.97	379.68
	2010	74.48	4485.37	384.89
	2015	95.15	5271.03	315.90
	2020	97.68	5468.23	410.20
沼泽	2000	158.63	13.40	2452.08
	2005	158.54	16.96	2503.02
	2010	158.49	16.96	2489.84
	2015	231.23	34.94	2271.04
	2020	247.68	37.68	2356.71

续表

土地利用类型	年份	正蓝旗	苏尼特左旗	东乌珠穆沁旗
其他类型	2000	7663.21	454.51	36165.59
	2005	7554.18	465.71	35645.66
	2010	7736.31	464.13	35683
	2015	8053.21	391.01	35736.94
	2020	9356.48	402.35	36876.68

注：土地利用类型中的其他类型包括滩地、耕地、未利用土地。
资料来源：内蒙古农牧科学院。

表 5 – 5   **2000～2020 年三个旗县生态保护红线区**
草原主导生态系统服务价值及其变化

旗县	类型、增长率	不同类型红线区草原主导生态系统服务总价值				
		2000 年	2005 年	2010 年	2015 年	2020 年
正蓝旗	水源涵养生态保护红线	4.39	2.17	5.37	8.67	10.85
	增长率（%）	—	-44.76	147.47	61.45	25.14
	防风固沙生态保护红线	1.30	1.27	1.31	1.32	1.36
	增长率（%）	—	-2.3	3.15	7.6	3.0
苏尼特左旗	防风固沙生态保护红线	26.27	17.42	23.24	25.12	28.37
	增长率（%）	—	-33.69	8.09	21.00	12.94
东乌珠穆沁旗	防风固沙生态保护红线	5.69	5.94	5.89	5.65	5.90
	增长率（%）	—	-4.39	-0.84	-4.07	4.42

资料来源：本书课题组调研所得。

因此，从整体上来看，正蓝旗、苏尼特左旗、东乌珠穆沁旗的红线区草原主导生态系统服务价值如表 5-6 所示。

表5-6　　　3个旗县生态保护红线区草原主导生态系统服务功能价值　单位：亿元

旗县	正蓝旗		苏尼特左旗	东乌珠穆沁旗
主导生态系统服务	防风固沙	水源涵养	防风固沙	防风固沙
价值	1.36	10.85	28.37	5.90

资料来源：本书课题组调研所得。

价值增长率逐渐呈上升趋势，2010～2020年正蓝旗增长率呈下降趋势，苏尼特左旗增长率先升后降趋势，东乌珠穆沁旗增长率呈先降后升趋势。具体如下：

（1）对于正蓝旗而言，水源能力空间分布上，从西向东，从北向南逐渐增加，东部的赛音呼都嘎苏木和桑根达来镇、南部的上都镇涵养水源量较高，明显高于西北部的那日图苏木、宝绍岱苏木和哈毕日嘎镇3个地区的涵养水源量，从时间上看，2000年涵养水源能力最弱，2020年涵养水源能力最强，即生态保护红线区草原防风固沙总价值2005～2010年增加了3.14%，2010～2020年增加了3.87%，整体呈上升趋势。2020年，单位面积草地涵养水源量为193.20毫米，草地涵养水源总量为15.13×10^8立方米；单位面积草地涵养水源的价值为1385.26元，那么草地涵养水源总价值为10.85亿元；草原减少风蚀土壤损失量为3.61×10^7吨，折合可减少草原土地损失面积为5343公顷。因此，因草原防风固沙减少草地退化的面积的总价值为1.36亿元。

（2）对于苏尼特左旗而言，不同的草原类型减少风蚀土壤损失量不同，但是近几年，苏尼特左旗减少风蚀土壤损失量无论是从总量看，还是从不同草原类型，不同苏木（镇）看，近几年的变化不大。各个苏木镇的生态功能价值量相对比较均衡，最高的是巴彦乌拉镇。2020年，草原减少风蚀土壤损失总量达到1.42亿吨，生态功能价值总量为28.37亿元。

（3）对于东乌珠穆沁旗而言，草原减少风蚀土壤损失量无论是总量还是不同草原类型，不同苏木（镇），近几年的变化不大，全旗的防风固沙能力表现出从南向北逐渐增加趋势，各苏木镇减少草原退化的价值最高的是萨麦苏木，最低的是宝格达山林场。以 2000 年为核算基准年，2010 年较 2000 年提高了 3.59%，2020 年较 2005 年提高了 3.1%。2020 年，全旗防风固沙能力为 121.5 亿吨，防风固沙功能的价值为 5.90 亿元。

5.1.5 主导生态系统服务价值与地区生产总值增幅比较

由表 5 - 6 可知，3 个旗县生态保护红线区草原主导的生态系统服务具有较大的生态价值，这种生态价值在国民经济中占有较大的比重。2005 ~ 2010 年，3 个旗县生态保护红线区的草原主导的生态服务总价值低于全盟生产总值，而 2015 ~ 2020 年，生态系统服务价值远远高于全盟生产总值（见表 5 - 7），两者的差距变化也说明了绿水青山就是金山银山，通过生态保护可以获取一定的经济价值。

表 5 - 7   主导生态系统服务价值与地区生产总值对比

项目	2000 年	2005 年	2010 年	2015 年	2020 年
全盟生产总值（亿元）	68.68	166.13	591.25	1002.60	839.84
全盟生产总值增长率（%）	—	141.89	255.90	69.57	- 162.76
三旗县主导生态系统服务价值的增长率（%）	—	- 85.14	157.87	85.98	45.5

资料来源：笔者整理计算所得。

5.2 生态保护红线区牧民受偿意愿分析

5.2.1 研究方法

目前关于生态保护红线区的补偿标准没有统一的测算方法，而从已有的生态补偿实践可以发现，政策制定的标准和牧民心理的预期标准相差较大，因此，在生态保护红线政策落地前，应该充分尊重牧民作为生态补偿的主要对象的地位，他们的受偿意愿是确定生态补偿标准以及影响政策实施的重要因素（马晓茗、张安录，2016）。条件价值评估法是通过虚拟一个市场，对被访谈者进行访谈，预期他们的经济行为。它是计算无形资产价值且运用较广泛的一种方法，其调查问卷格式主要有开放式和封闭式两种，询价方式较常用的有开放式出价法、封闭式出价法、支付价值卡、反复式出价法、准逐步竞价法。该方法要求个人表达自己的支付意愿，当问及有关一些环境资源方面，尤其是让回答者填写一份调查表时，会问到他们愿意接受多少补偿来保证环境产品供给减少带来的福利损失，或者愿意支付多少来保证从环境产品中得到福利。简言之，从消费者角度出发，在一系列假设条件下，通过调查、问卷、投标等方式来获得消费者的支付意愿，综合所有消费者的支付意愿来估计生态系统服务的经济价值，此方法可以理解为福利经济学内容中的经典方法（程臻宇、侯效敏，2015；李国平、李潇、汪海洲，2013；张文明、张孝德，2019）。

5.2.2　调研方法和思路

牧民是生态保护的主要参与者，该政策会给他们的生产、生活带来一定的影响，同时也会获得一定的补偿，因此，了解牧民对生态保护红线区生态补偿的认识对于新政策的实施具有重要的意义。本书采用入户调研和机构访谈法，对已实施的草原生态建设项目实施成效以及生态保护红线划定下，牧民愿意接受的补偿意愿进行研究，研究思路如下：在调研中通过有序多分类方法将意愿进行分类，然后通过条件价值评估法（CVM）计算红线区域内牧户的受偿意愿期望均值，运用 Tobit 模型来识别影响牧民受偿意愿的影响因素，因此，为生态保护红线区草原生态补偿标准的测算提供参考。

5.2.3 调研内容及问卷设计

根据保护红线划定情况，选取红线面积相对较大的苏尼特左旗、东乌旗、蓝旗 3 个旗县，随机抽取 13 个苏木进行调研（见表 5 - 8）。采用 CVM 中的连续型支付卡方式设计了调研问卷主要包括以下内容：

（1）与锡林郭勒盟生态环境保护委员会相关人员进行座谈，就红线划定下生态补偿的有关情况，探讨下一步对草原保护红线的补偿以及管控的有关情况。

（2）与旗县的相关部门，林草局、农牧业和科技局，以及自然资源局关于生态红线划定以及不同苏木镇的情况进行了解。

（3）家庭基本情况。通过入户调查，"一对一"或者"一对多"交谈，从而获得牧户家庭基本情况，包括性别、年龄、职业、民族、文化程度、将来的意愿、特长、自有草地面积及草料情况、收支情况、机械设备情况、借贷情况等。

（4）受偿意愿。综合民意调查，包括牧民对草原的生态服务功能的认知度、对草原保护红线了解的渠道和对生态补偿改善草原环境的想法以及预期的受偿意愿等。

（5）生态保护红线划定前后牧民对草原生态补偿方式的选择偏好，结合牧民对生态补偿政策、草原保护红线监测的感知情况，列出已采用或可能采用的补偿方式，由牧民根据自己的实际情况进行选择。

（6）问卷的有效性调查。通过预调研根据牧民的配合程度以及理解程度对问卷进行调整。其中，为了使所调研区域的牧户更具有代表性，选取的牧户（嘎查长、被认定为家庭牧场的养殖大户、即将申请家庭牧场的养殖户、普通小牧户等）作为调查样本，获取他们对生态红线政策的感受和认知，以及下一步的诉求和打算等，共发放问卷 300 份，回收有效问卷 270 份，有效率达到 90%。

表 5 - 8   样本区域的分布

旗县	苏木镇
正蓝旗	那日图苏木、扎格斯台苏木、宝绍岱苏木、桑根达来镇、上都镇
苏尼特左旗	满都拉图镇、巴彦淖尔镇、洪格尔苏木、达日罕锡力苏木、达来苏木
东乌珠穆沁旗	道特淖尔镇、赛罕高毕镇、查干敖包镇

资料来源：锡林郭勒盟自然资源局。

5.2.4 牧民受偿意愿测算

5.2.4.1 牧民对红线区补偿认识的分析模型

在问卷调查中，有连续变量和虚拟变量等多种类型，采用描述性统计和回归分析相结合的方法。将反映牧民因划定保护红线而愿意接受的生态补偿的调研问题设计为"因为划定草原生态保护红线，严格控制载畜量，或者不能进入国家重点生态功能区而造成收入损失，你是否愿意得到生态补偿款？（1. 完全不愿意；2. 无所谓；3. 愿意；4. 非常愿意）"。划定保护红线后，以牧民对补偿的认识为因变量的分析模型，被解释变量有 4 个选项，且程度依次递增，解释变量中有虚拟变量的连续变量。因此，根据因变量是有序分类变量的特点来选取，有序多分类 Logistic 回归模型因变量为有序分类变量，适合对划定保护红线后，牧民对补偿认识的影响因素进行计量分析，其模型构建为：

设牧民对补偿的认识 y 有 g 个等级：1，2，…，g，并以第 g 个等级为参考类别，则有序多分类 Logistic 回归模型需拟合 $g-1$ 个 Logistic 回归方程，构建有序 Logistic 模型如下：

$$\ln\left[\frac{p(y_h/X)}{1-p(y_h/X)}\right] = \alpha_h - \sum_{i=1}^{n}\beta_i x_i，（h=1，2，…，g-1）\quad (5-7)$$

其中，h 表示牧民对生态保护红线划定认识的程度，α_h 是第 h 个模型截距的估计值，x_i 是第 i 个自变量，β_i 是 x_i 偏回归系数的估计值，$p(y=h/X)$ 为牧民对生态红线补偿认识为 h 程度时的概率，因此，建立累积 Logistic 模型，可得概率公式为：

$$p(y \leqslant h) = \frac{1}{1 + e^{-(\alpha_h - \sum\limits_{i=1}^{n} \beta_i x_i)}} \qquad (5-8)$$

对于回归模型估计参数的解释可总结为：回归后可得自变量 x 的偏回归系数估计系数 β_i，若 $\beta_i = 0$，则说明 x_i 与因变量 y 各等级的概率变化是无关的，若 $\beta_i > 0$，则 y 取更高等级的概率更高，若 $\beta_i < 0$，则 y 取更高等级的概率更低。

5.2.4.2 牧民受偿意愿额度分析

为了通过调研数据直接得到牧民的受偿意愿，本书运用支付卡式询价法，一方面改善了开放式出价无反应及抗议性样本过多的缺点，另一方面能够避免起点偏误和极端异常值，使受访者有参考的依据，便于统计（Johnson，Baltodano，2004）。由于存在零受偿意愿值，采用克里斯特伦（Kristrom）提出的 Spike 模型进行修正（杜丽永等，2013），采用连续型投标卡的方法，生态保护红线区牧民受偿意愿额度期望值 $E(WTA)$ 的计算公式为 $E(WTA) = E(WTA)_正 \times \beta_{i正}$，其中，$E(WTA)_正$ 是正受偿意愿的算术平均值，$\beta_{i正}$ 表示正受偿意愿的概率。牧民对假想市场定价法不同，而且牧民之间资源禀赋不同，因此，将询问方式改为"如果实施生态保护红线政策，您预期得到最低的生态补偿额度是多少？"采用半封闭式的方式，设置选项为"≤5 元，6~10 元，11~15 元，16~20 元、21~25 元、26~30 元、31~35 元、≥36 元"。确定了"补多少"的问题后，对影响"补多少"的相关因素进行计量分析，不仅能够验证 WTA 的合理性，而且是制定红线区草原生态补偿标准的有力保证。牧民对红线内补偿意愿额度的取值为连续分布，但一部分观测值受到投标区间的限制而发生了缺失，属于标准的截断回归模型，为了明确红线内牧民受偿意愿额度的影响因素，以牧民的受偿意愿额度为因变量的 Tobit 回归模型形式为：

$$y_i = x_i' \beta + \sigma \varepsilon_i \quad (i = 1, 2, \cdots, N) \tag{5-9}$$

其中，y_i 只有在 $\underline{c_i} < x_i' \beta + \sigma \varepsilon_i < \bar{c_i}$ 范围内才能取得样本观测值，其中 $\underline{c_i}$、$\bar{c_i}$ 都是临界值。

5.3　样本特征以及变量选择

5.3.1　样本特征描述

牧民的主要收入来源是畜牧业经营，在进行调研的过程中，调研对象主要是男性，说明男性在家庭中有较高的决策权。在 270 份问卷调查中，97.7% 的受访者是蒙古族，其他民族仅占少数。牧民对收入的询问比较敏感，只能间接估算。在牧民的总收入中，来自畜牧业的收入占 88%。打草收入占 1.4%，经营草场收入占 2.8%，第二、第三产业收入占 8.1%，工资性收入占 0.2%，所以来自畜牧业的收入占主导地位，即牧民对畜牧业的依赖程度相对高，96% 的牧民主要收入来源是养牧，因此，在影响因素的选择中将民族因素、收入来源剔除，受访户中 80% 是男性，20% 是女性，男性是性别中主要分布因素，在初步的回归分析中，性别和因变量没有显著的相关性，考虑到样本量对可以纳入回归模型中自变量个数的限制，为了纳入其他更加有意义的变量，因此也将性别因素从自变量中剔除，根据上述分析，确定了可能的变量，即选取牧民个人特征、家庭经济特征，以及对生态保护的认识等 9 个因素为回归模型的自变量，变量定义及描述统计如表 5-9 所示。

表 5－9 变量定义与描述统计

变量	名称	变量定义与赋值	平均值	标准差
x_1	年龄	1＝20 岁以下；2＝21～35 岁；3＝36～50 岁；4＝51～60；5＝60 岁以上	3.15	0.75
x_2	文化程度	1＝没有上过学；2＝小学；3＝初中；4＝高中；5＝中专；6＝本科及以上	3.13	1.09
x_3	家庭规模	1＝1～2 人；2＝3～4 人；3＝5～6 人；4＝7 人及以上	3.86	0.93
x_4	年平均收入	1＝10 万元以下；2＝11 万～20 万元；3＝21 万～30 万元；4＝31 万～40 万元；5＝40 万元以上	3.06	1.31
x_5	自有草地面积	1＝0～2000 亩；2＝2100～4000 亩，3＝4100～6000 亩；4＝6100～8000 亩；5＝8000 亩以上	3.05	2.59
x_6	对草原退化的认识	1＝是；0＝否	0.59	0.49
x_7	对草原生态系统价值认知	1＝是；0＝否	0.66	0.48
x_8	对划定草原生态保护红线的重要性认知	1＝保护草原重要；2＝经济发展重要；3＝保护草原和发展经济一样重要	2.20	0.74
x_9	区域	1＝东乌珠穆沁旗；2＝苏尼特左旗；3＝正蓝旗	1.61	0.67

5.3.2 牧民对于生态保护红线区补偿的认知分析

受访牧民中，77.8% 非常愿意得到补偿，13.3% 愿意得到补偿，合计 91.1% 的牧民对红线内补偿的认识是正向的，即愿意得到补助（见表 5－10）。根据文献梳理，以及调研的实际情况，引入 Logistic 模型的自变量有 9 个。因此，首先判断变量间是否具有相关性，结果如表 5－11 所示，即文中选取的 9 个自变量之间不存在多重共线性，不需要合并和剔除自变量。

表5-10   牧民对保护红线区补偿认识的情况

变量性质	分类	赋值	样本数	比重（%）
有序多分类	完全不愿意	1	3	0.1
	无所谓	2	21	0.7
	愿意	3	36	13.3
	非常愿意	4	210	77.8
合计	—	—	270	100

表5-11   自变量多重共线性诊断

变量	名称	VIF	条件指数
x_1	年龄	1.036	1.000
x_2	受教育年限	1.098	4.453
x_3	家庭规模	1.070	4.653
x_4	年平均收入	1.130	5.095
x_5	自有草地面积	1.117	7.760
x_6	对草原退化的认识	1.009	8.877
x_7	对草原生态系统价值认知	1.126	9.047
x_8	对划定草原生态保护红线重要性的认知	1.099	10.488
x_9	区域	1.175	12.607

5.3.3 生态保护红线区牧民对补偿认识影响因素的分析

根据公式（5-7）和公式（5-8），构建红线区牧民对补偿认识影响因素的 Logistic 分析模型为：

$$Y = F(x_1, x_2, \cdots, x_9) \tag{5-10}$$

其中，Y 为牧民对是否愿意得到红线内补偿的认识，$x_1 \sim x_9$ 为符合条件的 9 个因素。

5.3.3.1 平行性检验

平行性检验是有序多分类 Logistic 模型应用的前提，模型的平行性检验 p 值为 0.153，大于临界水平 0.050（见表 5 - 12），满足有序多分类回归的假设条件，检验通过，可以进一步使用有序 Logistic 进行分析。

表 5 - 12　　　　　　　　　　　　平行性检验

模型	- 2 对数似然值	卡方	自由度	显著性
原假设	377.125			
常规	280.229	96.896	62	0.153

5.3.3.2 结果与分析

由表 5 - 13 和表 5 - 14 所示，在模型的整体拟合信息中，$p < 0.001$ 说明至少有一个自变量的偏回归系数不为 0，即拟合年龄、受教育年限、年收入水平等 9 个自变量的模型的拟合优度好于仅包含常数项的无效模型。拟合优度检验中，偏差的卡方检验达到 1。即接受原假设，拟合优度良好，由表 5 - 13 所示，这几个指标都大于 1%，说明模型拟合效果相对较好。

表 5 - 13　　　　　　　　　　　　模型拟合信息

项目	- 2 对数似然值	卡方	自由度	显著性
仅截距	504.961			
最终	377.125	127.836	31	0.000

表 5 - 14　　　　　　　　　　　　拟合优度

项目	卡方	自由度	显著性
偏差	371.580	467	1.000

有序多分类 Logistic 回归结果中（见表 5 - 15），家庭年平均收入对红线内补偿的认识在 5% 的水平上显著，自有草地面积和对划定生态红线的重要性认知对红线内补偿的认识在 10% 的水平上显著。

表 5 - 15　　　　　　　有序多分类 Logistic 回归结果

因素	变量	估算参数	标准误差	Wald 检验	自由度	p 值
补偿认识 = 1	$Y = 1$	-2.602	3.382	3.110	1	0.067
补偿认识 = 2	$Y = 2$	-2.172	3.412	5.184	1	0.073
补偿认识 = 3	$Y = 3$	-2.651	3.425	0.000	1	0.086
年龄	x_1	3.119	2.316	1.813	1	0.178
文化程度	x_2	0.683	0.746	0.839	1	0.360
家庭规模	x_3	8.602	1.809	22.617	1	0.167
年平均收入 **	x_4	2.795	0.719	9.821	1	0.000
自有草地面积 *	x_5	3.692	2.828	1.705	1	0.092
对草原退化的认识	x_6	-0.089	0.317	0.079	1	0.778
对草原生态系统价值认知	x_7	0.108	0.352	0.093	1	0.760
对划定生态保护红线的重要性认知 *	x_8	-0.180	0.437	0.169	1	0.081
区域	x_9	0.287	0.743	0.149	1	0.699

注：*、**、*** 表示在 10%、5%、1% 的水平上显著。

模型结果分析，具体表现在以下方面：

（1）年均收入对于红线内补偿的认识具有正向的作用。值得指出的是，处于低水平收入的牧民，虽然生态补偿金不是他们的主要收入来源，但是他们对红线内的生产经营以及划定红线后，是否会限制他们的行为更加关心，因此，对红线内的补偿认识持有积极的态度。

（2）自有草地面积对红线内补偿的认识具有正向的作用，一方面，来源于自有草地，另一方面，来源于流转来的草地。流转的草地需要付出地租，即草地数量越多，对红线内的补偿认识越深刻。

（3）保护红线划定的重要性认同对红线区牧民来说，对补偿的认识具有负向的作用。因为草原具有多重的生态系统服务功能，草原畜牧业是牧区经济发展的基础产业，是牧民收入的主要来源，对草原生态越重视，就会越支持划定生态保护红线，主动进行保护。而牧民对划定红线内的草原的生态系统价值认同，对红线内的补偿认识的影响不显著，通过与牧民交流，其对草原可以提供的生态系统认识不足，这也证实了划定红线后为了更加重视草地的保护和建设，下一步应该针对地区主导的生态系统服务价值进行补偿。

5.4 受偿意愿额度分析

5.4.1 受偿意愿额度非参数估计

利用 CVM 中的连续型支付卡方法对草原保护红线内牧民对补偿额度进行了调研，牧民接受红线内补偿意愿的额度主要分布在 50～100 元/亩（生态功能重要区），10～30 元/亩（生态功能脆弱区），由受访的牧民所选择的受偿意愿区间段和分布频率，可计算出牧民对补偿意愿额度的期望值。根据以上关于受偿意愿额度分析，在该研究中牧民接受红线内补偿额度的期望值 $E(WTA)$ 为：正蓝旗 15 元/亩，苏尼特左旗 12 元/亩，东乌珠穆沁旗 60 元/亩，即平均为 29 元/亩。

5.4.2 受偿意愿额度参数估计

由公式（5-10）所建立的 Tobit 回归模型标准结构，根据表 5-16 所定义的 9 个影响因素为自变量，以红线内补偿意愿（WTA）观测值为因变量，建立 Tobit 回归模型如下：

$$WTA = y = f(x_1, x_2, x_3, \cdots, x_9) \tag{5-11}$$

利用 EViews 10.0 对公式（5-11）进行 Tobit 回归分析可得回归结果（见表 5-16），由此可知，剔除不显著的影响因素之后，可得红线内牧民受偿意愿额度函数表达式为：

$$WTA = 0.360X_1 + 2.124X_2 + 3.353X_3 + 0.241X_4 - 0.024X_5 + 0.257X_7 \tag{5-12}$$

将显著性影响因素的平均值代入公式（5-12），可得生态保护红线内补偿意愿额度的参数估计值为：21 元/亩。

表 5-16　　　　　　　　　　**Tobit 模型回归结果**

因素	表示	估计值	标准误	Z-统计量	显著性
年龄	x_1	0.360	0.069	5.198	0.000 ***
文化程度	x_2	2.124	0.055	2.234	0.026 **
家庭规模	x_3	3.353	0.060	5.877	0.010 **
年平均收入	x_4	0.241	0.126	1.914	0.000 **
自有草地面积	x_5	-0.024	0.025	-0.953	0.001 **
对草原退化认识	x_6	-0.213	0.050	-4.186	0.678
对草原生态系统价值认知	x_7	0.257	0.076	3.332	0.007 ***
对划定草原生态保护红线的认知	x_8	0.236	0.134	1.737	0.182
区域	x_9	-0.034	0.101	-0.334	0.736
常数	C	3.713	0.499	7.443	0.268

注：*、**、*** 表示在 10%、5%、1% 的水平上显著。

5.4.3　受偿意愿额度参数估计与非参数估计对比

估算结果表明，采用 CVM 中的连续型支付卡方式计算的受偿意愿较

高，即通过与牧民进行座谈直接访问，红线内牧民的受偿意愿为 29 元/亩，
而考虑牧民的客观条件，通过模型进行参数估计，牧民的受偿意愿为 21 元/
亩，表明测算结果接近现实，即受偿意愿的区间为 21～29 元/亩，综合考
虑红线内牧民补偿意愿额度非参数和参数估计值，取其下限值，可得牧民
补偿意愿区间为 21 元/亩。

5.4.4 受偿意愿额度影响因素分析

分析牧民受偿意愿的影响因素能够为制定补偿标准提供参考。根据已
有研究以及调研的实地情况，选取了年龄、文化程度、家庭规模、年平均
收入、自有草地面积、对草原退化的认识、对草原生态系统价值的认知等
变量纳入了受偿意愿影响因素的分析中，由表 5－15 可知，牧民年龄、文
化程度、年均收入和对草原生态系统价值的认知具有显著的正向影响，家
庭规模和自有草地面积对补偿意愿额度具有负向影响。

（1）个体特征的影响。不同年龄段的牧民对畜牧业的依赖程度不同，
随着牧民年龄的增加，牧民受偿额度较高，主要是因为对于牧民年龄较高
的群体，当其生活能力弱时，补偿能够为草原牧区老龄化以及贫困人群的
收入来源提供多种生活融资渠道。文化程度相对较高的牧民，在 5% 的显
著性水平上对受偿意愿额度具有正向影响，这是由于受教育程度越高，牧
民对生活和畜牧业的经营要求更高，所以受偿额度较高。

（2）家庭特征的影响。家庭规模较大的牧民，对划定红线后的受偿意
愿较弱，这与预先设想的相同，经过调研，可能的原因有：适应城市生活
和适应牧区生活存在巨大的差异性，人口较多的牧民，生计来源相对丰富，
但是养畜仍然是主要收入来源，生态保护红线划定后，实施更为严格的管
理，但牧民对畜牧业的依赖性强，受偿意愿较弱。年均收入对牧民补偿意
愿额度的影响方向和对红线内补偿的认识方向是一致的，即对于低水平的
收入者，划定保护红线后，希望得到补偿来保持生活水平不降低，对于高

水平的收入者，作为理性经济人，划定保护红线后，因为对政策的认识和自身的逐利性，也会使其受偿意愿额度提高。自有草地面积较大的牧民，其对划定保护红线后受偿意愿额度不高，划定并严守生态保护红线是提高生态系统服务功能的有效手段，是将用途管制扩大到所有自然生态空间的关键环节，草地数量多的牧民可以灵活调节自己的生产生活，认为再高的生态补偿额度都不足以弥补自己成本损失（与对红线内补偿的认识机理一样）。

（3）认识特征的影响。认为草原具有价值的牧民，其受偿意愿额度较高，从生态系统提供的服务来看，作为生态系统服务的供给者，具有价值认同的牧民希望得到补偿并且对补偿有较高的期望。对草地生态系统价值认同和划定生态保护红线重要性认同都是衡量生态环境保护意识的指标，价值认同对受偿意愿额度的影响与重要性认同对红线内补偿认识的影响其影响机理是一致的，也进一步证明了有序 Logistic 和 Tobit 回归模型估计结果的正确性。

（4）区域特征的影响。区域变量对受偿额度的影响不显著，说明目前所选旗县红线内牧民之间的受偿额度无明显差异。

5.5　生态补偿金修正与核算

生态产品具有公共属性，如果生态服务价值的供给者与其所提供的服务的收益难以匹配时，即利益牺牲者无法得到相应的价值诉求，那么，他们对生态服务保护的积极性就会减少，导致生态产品的价值难以转化，生态资源保护的效果不佳（冀县卿、钱忠好，2011）。划定并严守生态保护红线是提高生态系统服务的重要手段，作为一种重要的政策工具，考虑生态保护红线内草原主导的生态功能对于制定红线内的补偿标准具有重要的意义。以上文牧民最低受偿意愿为 21 元/亩来计算，根据表 5 - 2 和表 5 - 6，正蓝旗的补偿资金为 2.14 亿元，苏尼特左旗的补偿资金为 8.5 亿元，东乌珠穆沁旗的补偿资金是 11.9 亿元。

5.6 进一步讨论

在草原生态补奖政策意见中，提出了坚持牧区生态优先发展的原则，实现保护草原的目标。在内蒙古自治区层面，提出了按照面积或者按照人口或者折算成"标准亩"等方式，将补偿资金在各个盟市进行协调分配。而划定生态保护红线后，更加突出了生态保护目标的优先，但是也并不是不考虑牧民的生计，虽然在考虑资金分配的模式和金额时，牧民层面的意愿不能最终决定资金的分配。但是牧民的生计情况在很大程度上决定着生态保护红线政策的实施效果，因此在生态保护红线政策实施时，应该同时考虑红线区主导的生态系统服务和牧民的受偿意愿，建立与人均收入增长需求及与物价上涨相协调的补奖资金标准递增机制，统筹畜牧业生产成本逐年增加以及物价上升因素，保障牧民持续增收。同时通过其他配套政策保障和改善牧民生计，这是优化政策设计时需深入分析的。

5.7 本章小结

生态保护红线区补偿标准的制定是激励牧民保护基本草原、提高红线政策实施效率、实现外部效益内部化的关键，本章通过统计分析以及资料收集，界定了研究区域生态保护红线内基本草原主导的生态系统服务，通过统计分析法和公式法计算了不同生态系统服务的价值，同时，通过访谈、问卷设计、数据调研，利用有序多分类 Logistic 模型获得牧民对生态保护红线内的生态补偿的认识，通过 Tobit 模型分析了牧民对红线区受偿额度的影响因素。本章得出的主要结论为：

牧民是草原生态保护的贡献者，也是草原生态保护的直接受益人，他们是生态保护红线政策落地后主要的补偿对象，也是政策的主要参与人。通过界定红线区草原主导的生态系统服务，正蓝旗主导防风固沙、水源涵养，苏尼特左旗主导防风固沙，东乌珠穆沁旗主导的防风固沙。以草原水气调节方面的指标为基础，进行了价值量化，不同类型的生态功能区的重要性不同，2018年，正蓝旗草原减少风蚀土壤损失量为 3.61×10^7 吨，折合可减少草原土地损失面积为 5343 公顷，因草原防风固沙减少草地退化的面积的总价值为 13660 万元。因此草原防风固沙减少草地退化的面积的总价值为 13660 万元。2018年，苏尼特左旗 2018 年草原减少风蚀土壤损失总量达到 1.42 亿吨，生态功能价值总量为 28.37 亿元。2018年，苏尼特左旗防风固沙能力为 121.5 亿吨，防风固沙功能的价值为 5.89 亿元。这为下一步进行草原自然资源资产价值的核算提供了参考。

生态保护红线区的补偿标准不仅关系到政策对利益相关者的激励效应，也关系到资金的使用效率。在政策的推行实施前，结合牧民的受偿意愿制定合理的补偿标准具有重要意义。研究结论表明，通过 CVM 中的连续型支付卡方式直接计算得出牧民的心理的受偿意愿是 29 元/亩，通过模型测算，牧民受偿意愿是 21 元/亩，受偿意愿区间是 21~29 元/亩。从理论上看，牧民的受偿意愿一般都会高于某项生态服务功能而遭受的实际损失，所以利用模型进一步测算、修正，取其下限值 21 元/亩。

生态保护红线划定后，在重点转移支付的基础上，将生态保护红线面积和生态系统服务功能的重要性作为转移支付的因素，由 3 个旗县的生态保护红线面积以及上述红线内草原主导的生态系统服务功能可知，3 个旗县中，正蓝旗的补偿资金为 2.14 亿元，苏尼特左旗的补偿资金为 8.5 亿元，东乌珠穆沁旗的补偿资金是 11.9 亿元。

第 6 章

生态保护红线区草原生态补偿方式的牧民偏好分析

6.1　问题的提出

草原生态的有效保护与发展取决于三个要素的有机结合：第一，中央财政等方面的支持；第二，草原产业、人口等布局和结构的调整；第三，牧民自身能力的增长与创造性的发挥。以往一些政策效果不够明显或者不够持久，与第三个因素有很大的关系，牧民自身能力的提高和创造性的发挥也是牧区可持续发展的最根本的保证。牧民对补偿方式的选择表面上看是一种必然的选择，但是经过文献梳理和实地调研，牧民对补偿方式的选择和行为存在一定的异质性，主要表现在不同能力的牧民对不同的补偿方式具有一定偏好，牧民的能力类型与补偿方式的偏好存在一定的逻辑关系，牧民对补偿方式的选择既受客观因素又受主观因素的影响，也受理性与非理性因素的影响等，是多种因素综合的结果。红线划定后，牧民对政策的执行度不仅在于补偿金额能够弥补相应的损失，更关键的是，牧民是否愿意以及更愿意以什么样的方式参与生态保护红线政策？因此，本章突破以前按照补偿方式的预设分类，通过对牧民的能力进行分类，以牧民视角研究其参与生态保护红线政策的主观偏好和内在需求。这样的研究不仅有助于构建具有针对性的补偿方式，来符合牧民的利益诉求与选择偏好，而且对丰富牧民的行为理论具有一定的探索作用。

本章内容所用的数据也是来源于调研，通过最大似然法来估计模型的参数，样本最佳量是200，本书调研的数据符合结构方程模型要求的样本量，牧民当前以及划定生态保护红线后预期接受的补偿方式（见图6－1和图6－2）。

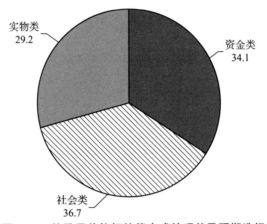

图6－1　牧民目前偏好补偿方式的现状及预期选择

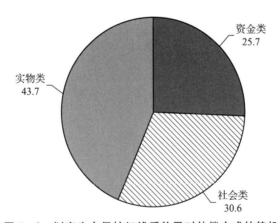

图6－2　划定生态保护红线后牧民对补偿方式的偏好

　　根据问卷调查及入户访谈，整体上，牧民对补偿方式的接受度由高到低依次为：资金类补偿方式、实物类补偿方式、社会类补偿方式，即样本区域的牧民更加偏好于输血型补偿。划定生态保护红线后，要实施更严格的保护。根据入户访谈，牧民对补偿方式的预期由高到低依次为：资金类补偿、社会类补偿、实物类补偿。其中 270 户牧民中，90% 的牧民对补偿方式比较认同的是"输血型 + 造血型"的模式。为了解释不同能力的牧民对生态补偿方式的偏好，采用结构方程模式解释两者的逻辑关系。

6.2　牧民对补偿方式偏好的理论分析

6.2.1　概念模型构建

6.2.1.1　生计资本与补偿方式的选择的关系

　　王安涛和吴郁玲（2013）认为农户对耕地意愿补偿需求不是随意的，引入生计资本，探讨补偿方式对于提高他们积极性，优化政策实施的绩效具有重要的意义。尚海洋和苏芳（2012）认为生态补偿的实施对于生态脆弱区的退化具有重要的作用，而对于改善农户生计水平，提高农户生计资本的效用也是显而易见的，定量分析了补偿方式与生计资本之间的关系，也将各种补偿方式对资本拉动的原因进行了深入分析。史玉丁和李建军（2018）以乡村旅游地为研究对象，认为农户的生计资本是生态实施效果的重要考核指标，通过多元回归分析了不同的补偿方式对于农户的生计资本的影响。基于此，补偿方式的选择与人们的生计资本具有相关性，也影响着政策的实施效果，人们也会根据自己的资源禀赋、所处的环境以及资本的多少等不同的目的来突出对补偿方式的选择，生计方式也会存在较大的差异，生计资本影响补偿方式。

6.2.1.2 补偿方式与草地保护的关系

生态保护红线划定后，改变单一的补偿方式、提高牧民对补偿方式的接受，能够产生较好的草地保护的效果，这也是本章研究的目的。目前，牧民主要的经济收入来源仍然是畜牧业经营，除此之外，如果能够得到多元化的配套保障措施，将提高牧民保护草地的意识。陈海鹰和杨桂华（2015）以玉雪山当地居民为研究对象，对生态补偿实施的不同方式进行了分析，探讨了当地居民的社区补偿需求结构特征和政策优化路径，提出了加强自身发展技能的"造血式"的补偿方式。王青瑶和马永双（2014）以湿地生态保护与湿地生态补偿为切入点，分析了不同的生态保护模式下对生态补偿方式的选择，提出了"输血＋造血"相结合的建议。

6.2.2 模型变量分析

6.2.2.1 牧民生计资本分析

划定生态保护红线后，牧民必须在合理的管理方式下利用草地，一定程度上限制了其生计资本的发展。而草地生态补偿，更重要的是弥补牧民生计资本的损失，提高他们保护草地的积极性。2000 年英国国际发展部（DFID）建立的可持续生计分析框架（SLA）中，将生计资本划分为自然资本、人力资本、社会资本、物质资本和金融资本，其中人力资本、物质资本和社会资本在提升牧民的谋生能力中有着重要的作用。基于此，本书从 3 个维度衡量牧民的生计资本，分析其对草地生态补偿方式选择的影响机理。

（1）人力资本方面。

人力资本，指劳动者在教育、培训、迁移等方面的投资，获得知识和技能的积累。乌云花等（2017）认为牧民的人力资本对牧民生计策略具有重要的影响，而自然资本对牧民的生计策略选择没有影响。谢先雄、赵敏娟和蔡瑜（2019）也认为要改善牧民的可持续生计，相对于比较固化的自然资本与物质资本，通过加大基础教育投资、扩大牧民技能培训仍然是有效的措施。牧民的人力资本会影响其对草地的利用方式，以及保护草地的意识。陈美球、邝佛缘和鲁燕飞（2018）认为年龄是影响人们对补偿方式选择的重要因素，相比于年轻人，年龄大的更认为通过技能等培训能够改善自身情况。罗成、蔡银莺和朱兰兰（2015）认为受教育程度偏低的人们，越偏向于资金补偿方式。刘小庆（2008）认为文化水平越高的人们，补偿方式的选择越多元化。李广东等（2010）认为收入情况与经济补偿成反向的关系，经济水平决定着农户对补偿方式的偏好，收入高的农户更加偏向用资金补偿方式外的其他补偿方式。不合理地开发利用草地，都会导致草地质量下降，人们对草地质量的关注度越高，对补偿方式的选择也会产生影响。同时，人们参加培训的次数表明了人们对市场信息获取的关注，通过增强牧民保护草地的意识，他们对补偿方式的需求也逐渐多元化。

（2）物质资本方面。

物质资本，指长期存在的物质生产形式，对牧民的生产效率以及生活质量的提升具有重要的作用，它是畜牧业经营收入、财产性收入的主要来源，一般而言，自有草地规模较大的牧民，保护草地的积极性就会降低，因此，若以单一的资金补偿方式来弥补牧民的损失，显然需要较高的经济补偿。牧民的物质资料和基础设施，各有差异。生产、生活成本的不断上升，尤其是饲草料成本投入较大的牧民，在对草地进行保护时，会根据自己拥有的物质资本来对补偿方式进行选择，从而影响政策实施的效果。李海燕和蔡银莺（2015）认为物质资本越丰富，对耕地保护意愿越低，二者呈显著的负向影响。马楠等（2020）以中国第一个社会生态生产景观——浙江青田稻鱼共生系统为例，通过对核心保护区的生态恢复力程度进行测评，研究发现，物质资本的提高，对项目区的生态的恢复具有积极的影响。

牧业设备是牧民进行畜牧业生产经营的重要物质资料，在进行草地保护时，它的完备与否会影响人们的积极性，同理，对机械人力需求满意度也会影响补偿方式的选择。

（3）社会资本方面。

社会资本，指通过社会网络来动员资源或能力的总和。刘博和谭淑豪（2019）以12个纯牧业旗县为例，探讨了草地保护过程中，社会资本的差异显著地影响草原租赁的情况。张群（2021）以内蒙古西部草原某铜矿开发区为例，研究发现牧民的社会资本存量较低，但是它能够显著提高牧民非牧业生计策略的概率，有助于实现牧民的可持续生计目标。郭新华、刘辉和伍再华（2016）认为收入不平等对家庭借贷行为具有影响，耕地是农户经济收入、社会保障的来源，对于高收入家庭而言，选择正规信贷机构，而对于低收入家庭来说，偏向于选择非正规贷款渠道，收入的多少也是人们社会地位的表征，对于社会保障需求较高的人们来说，对耕地的补偿要求也会随之增高，那么，补偿方式的选择也会具有多元化的特征。

6.2.2.2 补偿方式变量

补偿方式的确定是补偿机制设计的关键，目前，我国主要的补偿方式是资金补偿，并且同一省份补贴标准与补偿方式基本趋同，但是在政策实施的过程中，不同地区、不同规模的牧民在政策执行的过程中存在明显的差异，主要表现为牧民的能力资本的不同，对草地进行保护时，对补偿方式的选择存在偏好。根据不同的性质，补偿方式有不同的划分方法，根据补偿途径的不同，生态补偿方式可以划分为资金补偿、实物补偿、政策优惠、智力补偿，按照资源开发所造成的不同的生态影响进行划分，补偿方式划分为政策补偿、技术补偿、实物补偿、教育补偿、生态移民等。由于补偿主体的多样化需求，补偿方式还是应该进行多样化、差别化的设计。周小平等（2018）认为补偿方式应该划分为直接补偿和间接补偿，不同的受偿主体有不同的偏好，这才是补偿方式的主要调查目的，本书以牧民为受偿主体，根据在锡林郭勒盟的实际补偿情况，将补偿方式归纳为资金类补偿、社会类补偿、实物类补偿。基于上述对模型变量的分析，构建了牧民能力和补偿方式偏好的初始框架（见图 6 - 3）。

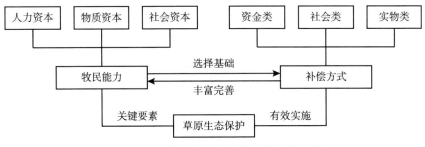

图 6 - 3 　生态保护红线区补偿方式偏好的初始框架

6.3　样本特征分析

6.3.1　牧民的人力资本统计分析

实际调研的过程中，调研对象主要是男性，实际年龄集中在 36 ~ 50 岁，其中最小年龄的是 21 岁，最大年龄是 73 岁。学历以小学和初中为主，占所调研样本的 63.7%，可见，整体文化水平较低，是牧区人口素质中一个显著特征。从调研的数据中分析，在牧民的总收入中，来自畜牧业的收入占 88%，打草收入占 1.4%，经营草场收入占 2.8%，第二、第三产业收入占 8.1%，工资性收入占 0.2%。所以来自畜牧业的收入占主导地位，牧民对畜牧业的依赖程度相对高，但是总的来看，这个比例近年来其实有些降低，牧民的收入朝着多元化方向发展，牧民对家里的收入满意度集中表现为一般。为研究牧民对农户所拥有的人力资本，凸显出对生态保护的认识，从草地质量的认识、草原景观的认识以及牧民参加培训的满意度等衡量，其中，均值的取值范围为 [1, 5] 草地质量认识、对草原景观认识及牧民参加培训的频率的均值分别为 2.17、2.67、1.78，标准差分别是1.80、1.36、0.67，其中，变量之间的差异不显著，尤其是牧民参加培训的频率均值最低，即牧民参加培训的频率最少。

6.3.2　牧民的物质资本统计分析

在调研的过程中，牧民对物质资本的总体满意度较低，尤其是对牧业设备资产的满意度，除了监控摄像头，当询问牧民对药浴池、自动吸奶机、剪毛机、饲料搅拌器等牧业设备资产的满意度时，牧民的满意度都是无，即目前没有这些牧业设备资产。同时，当调研牧民对牧业固定资产的满意度时，如草棚建设、青贮窖等，目前牧民的满意度是一般，普遍认为短缺。基于此，研究中以牧民对牧业设备的满意度、草地面积的大小、草地质量和牧业的基础设施来衡量物质资本，其中，这些变量的均值分别是 2.78、2.56、1.67、2.03，标准差分别是 1.35、1.62、0.67、1.89，其中，草地质量的满意度较低，表明了近年来，虽然有一系列生态工程的实施，但草原仍存在不断恶化的趋势。

6.3.3　牧民的社会资本统计分析

为研究牧民对自身拥有的社会资本的认识情况，以牧民对自己社会关系的满意度、社会化服务的满意度以社会保障的认识、草地补偿的满意度来衡量，这些变量的均值分别为 2.36、2.58、3.86、2.45，标准差分别是0.56、0.13、1.28、0.96，其中，社会化服务的满意度相对较高，在入户访谈的过程中，大多数牧民表示目前政府推动社会化服务，牧民的意愿也较强烈。对草地补偿的满意度较低，牧民最直接的感受就是补偿标准低、补偿方式单一。划定生态保护红线后，牧民对生态补偿标准的提高以及补偿方式的多元化具有较高的期望。

6.4 牧民对补偿方式偏好的实证分析

6.4.1 模型的简介

结构方程模型概念最早起源 20 世纪 60 年代，经过不断修改和完善，它主要用于分析研究潜变量之间的结构关系，适用于结构方程模型的统计软件是研究者常常使用的 LISREL 和 AMOS 软件，但是 AMOS 软件较为常用，它的绘图区以图像按钮为工具，各种结构方程模型的理论模型图的绘制均以图形对象表示，其基本参数值的设定，AMOS 均有默认值，可以快速绘制各种假设模型图。结构方程模型中的潜变量是实际问题研究中的不同维度或者不同方面，由于潜变量是不可直接观测的，所以，为了能够量化不同潜变量之间的结构关系，需要为潜变量寻找可以间接测度的方式，即设计量表，寻求可以直接观测的可测变量，可以充分反映所涉及的维度。如果选择与每个潜变量相对应的可测变量，可以根据已确定的潜变量以及他们之间的关系，以及每个潜变量选择的可测变量，构建完整的结构方程模型，也就是将所有变量以及它们的关系用路径图的方法绘制成初始的结构方程模型。这一模型既包括结构模型也包括测量模型，如果开始假定的模型不合适，可以通过适当的方法进行研究分析，将模型进行修订，也可以通过预调查，一方面修订量表，另一方面调整模型。待参数估计后，进行模型检验和评价，再决定选取适宜的模型。在研究实际问题时，运用结构方程模型，需要先明确研究目的，确定潜变量并设定结构模型，同时建立测量模型，进行模型运算，模型修正与模型解释。本书选择了结构方程模型，有以下原因：首先，牧民的能力和其对补偿方式的选择具有较大的关系，二者的多个指标之间的关系比较复杂，无法保证未选择的指标因素乃至未考虑的指标因素会存在什么样的影响；其次，牧民的能力和补偿方式存在一级指标（因子）和二级指标（因子），在研究计算中不仅要计算一级指标之间的关系，也要计算一级指标与二级指标之间的关系，而结构方程模型能更好的同时估计因子结构和因子关系，即不可直接观测的潜变量之间的结构关系，这也是传统方法难以做到的。

结构方程模型包含结构模型和测量模型，是反映不同潜变量之间的结构关系，这些潜变量就是实际问题研究中的不同维度或不同方面，测量模型是建立潜变量间接测度的一种方式。

6.4.1.1 结构模型

模型的具体表达式为：

$$\eta = B\eta + \Gamma\xi + \zeta$$

其中，η 是内生潜变量数目；η 是 $n \times 1$ 阶内生潜变量向量，n 是内生潜变量数目；ξ 是 $m \times 1$ 阶外生潜变量向量，m 是外生潜变量数目；ζ 是 $n \times 1$ 阶的残差向量，反映在上式中 η 未能被解释的部分。B 是 $n \times n$ 阶系数阵，即内生潜变量间的路径系数矩阵，描述内生潜变量 η 之间的彼此影响。Γ 是 $n \times m$ 阶系数阵，即外生潜变量对相应内生潜变量的路径系数矩阵，描述外生潜变量 ξ 对内生潜变量 η 的影响。

6.4.1.2 测量模型

测量模型反映潜变量和可测变量之间的关系，也称为验证性因子模型，其中的方程称为测量方程。模型具体表达式为：

$$x = \Lambda_x \xi + \delta$$
$$y = \Lambda_y + \eta + \varepsilon$$

其中，x 是 $p \times 1$ 阶外生可测变量向量，p 是外生可测变量的数目；y 是 $q \times$

1 阶内生可测变量向量，q 是内生可测变量的数目；ξ 为 $m \times 1$ 阶外生潜变量向量，η 是 $n \times 1$ 阶内生潜变量向量；Λ_x 是 $p \times m$ 阶矩阵，是外生可测变量 x 在外生潜变量 ξ 上的因子载荷矩阵；Λ_y 是 $q \times n$ 阶矩阵，是内生观测变量 y 在内生潜变量 η 上的因子载荷矩阵；δ 是 $p \times 1$ 阶测量误差向量，ε 为 $q \times 1$ 阶测量误差向量，他们分别表示 x、y 不能由潜变量解释的部分。

6.4.2 指标的选取

本书为优化补偿方式提供一种理论上的认识，为解决单一的补偿方式带来的牧民"满意度低"的现象提供一定的建议。尽管不同的学者有不同的见解，但是根据开放式问题的问卷调查，以及结合有关学者在补偿方式研究中的共性部分，确定采用可测变量进行考察。

基于实地调研，了解生态保护红线内牧民的客观条件和实地的情况，借鉴一些学者的研究成果，采用人力资本、物质资本、社会资本、牧民对草地补偿方式偏好六类变量进行测度，采用 Likert5 点量表法表示。参照行为经济学的内容，理性经济人总是希望低风险、高收益，为以牧民的能力研究牧民对保护草原的补偿方式偏好行为提供了理论依据。根据能力理论，应用结构方程模型构建牧民对补偿方式偏好的模型，其中，牧民的能力的潜变量包括牧民的人力资本（RC）、物质资本（MC）、社会资本（SC）。本书用年龄（$c1$）、对草原景观的设计态度（$c2$）、对草地质量的重视程度（$c3$）、文化程度（$c4$）、参加培训的次数（$c5$）、对家庭收入的满意度（$c6$）来衡量人力资本（RC）；对牧业设备的满意度（$c9$）、草地面积大小（$c10$）、草地质量（$c11$）和牧业的基础设施（$c12$）来衡量物质资本（MC）；对社会关系的满意度（$c13$）、对社会服务的满意度（$c14$）、对社会保障的满意度（$c15$）和对草地补贴和草地补偿满意度（$c16$）来衡量社会资本（SC）。

牧民对补偿方式偏好的潜变量为资金类补偿（QC）、社会类补偿

（ZC）、实物类补偿（OC）。本书用现金（a）、牲畜保险（b）、草场补贴（c）来衡量资金类补偿方式；用草地的租入/出（h）、草地管理（i）、牧业基础设施（j）来衡量实物类补偿方式；用技术培训（d）、社会保障（e）、对市场信息的获取（f）、嘎查提供的社会化服务（g）来衡量社会类补偿方式。

之前的指标体系建立只是基于理论与常识逻辑的考虑，为了进一步确定所涉及的指标是否合理，将统计数据进行了因子分析，对问卷指标数据的信度和效度进行了检验，得到量表的克隆巴哈（Cronbach's α）的系数为：0.896，说明此量表的测量结果（测量数据）具有一定的一致性与稳定性。巴特利特球形检验（Bartlett）的 p < 0.001，则 Bartlett 球形度的显著性概率小于 α 时比较适合做因子分析。

6.4.3 模型的构建修正

应用结构方程模型 AMOS，MC—ZC、MC—OC、SC—OC 的路径系数参数不显著，同时部分潜变量的观测变量系数未通过检验，按照系数为零概率的大小将这些路径分别剔除后再进行拟合，根据修正指数不大于 7.8822 的修正，运用修正指数逐步增列变量误差间的共变关系，得到修正模型。从表 6 - 1 可以看出，经修正后的模型估计参数中除了 OC—i 的路径系数在 0.1 的水平上显著外，其他路径参数都是在 0.05 的水平上显著。

表 6 - 1　　　　　　　　　　　　估计参数检验结果

模型路径	临界比率（CR）	显著性水平（p值）	非标准化回归系数
RC→QC	- 3.067	0.001	- 1.819
RC→OC	3.227	0.002	1.863
RC→ZC	- 2.468	0.012	- 1.264
RC→c1	2.267	0.026	0.766
RC→c2	—	—	1.000

续表

模型路径	临界比率（CR）	显著性水平（p 值）	非标准化回归系数
$RC{\rightarrow}c3$	4.126	0.000	2.123
$RC{\rightarrow}c5$	5.097	0.000	4.262
$RC{\rightarrow}c4$	4.679	0.000	3.067
$RC{\rightarrow}c8$	2.678	0.007	0.867
$MC{\rightarrow}QC$	3.126	0.006	1.327
$MC{\rightarrow}c9$	—	—	1.000
$MC{\rightarrow}c10$	6.787	0.000	1.324
$MC{\rightarrow}c11$	6.716	0.000	1.306
$MC{\rightarrow}c12$	6.327	0.000	1.262
$SC{\rightarrow}QC$	-2.634	0.007	-0.678
$SC{\rightarrow}ZC$	2.676	0.006	0.465
$SC{\rightarrow}c13$	6.678	0.000	0.679
$SC{\rightarrow}c14$	6.750	0.000	0.804
$SC{\rightarrow}c15$	—	—	1.000
$SC{\rightarrow}c16$	5.981	0.000	0.706
$QC{\rightarrow}a$	—	—	1.000
$QC{\rightarrow}c$	2.876	0.005	0.512
$QC{\rightarrow}b$	2.679	0.007	0.679
$ZC{\rightarrow}d$	—	—	1.000
$OC{\rightarrow}h$	—	—	1.000
$OC{\rightarrow}i$	1.876	0.067	0.500

6.4.4　结果分析

模型的评价包括对模型的整体评价以及检验参数的显著性。因为非标准化系数中存在依赖于有关变量的尺度单位，所以在比较路径系数时无法直接使用，因此需要进行标准化，根据 AMOS 21.0 软件运行结果，可知本书所选的各个潜变量对于牧民补偿方式偏好的标准化路径系数（见表 6-2）。

表 6 - 2   结构模型标准化路径系数

结构模型路径	标准化路径系数	显著性水平
人力资本→资金类补偿方式	- 0.067	0.006
人力资本→社会类补偿方式	- 0.618	0.017
人力资本→实物类补偿方式	0.893	0.002
物质资本→资金类补偿方式	0.802	0.001
社会资本→资金类补偿方式	- 0.767	0.007
社会资本→社会类补偿方式	0.908	0.009

（1）人力资本对牧户所有的草地补偿方式（资金类补偿、社会类补偿、实物类补偿）具有显著的影响，其中人力资本对资金补偿方式、社会补偿方式和实物补偿方式的标准化路径系数分别为 - 0.067、- 0.618 和 0.893，这说明人力资本对资金补偿方式影响较小，与社会补偿方式选择呈负相关，与实物补偿方式呈正相关，可能的原因有：作为"活资本"的人力资本，能够更加合理配置自己的资源，较高的人力资本水平使牧民更加关注草地质量建设，在补偿方式上更倾向于实物补偿，文化程度高、对牧业技术掌握较充分的牧民，希望得到草地等更多实质性的补偿。

（2）物质资本对牧民的草地资金补偿方式的标准化路径系数是 0.802，这表明，物质资本对牧民资金补偿方式的选择影响最大，物质资本越多的牧民，对扩大草地规模、提高草地质量，以及改善牧业基础设施的期望越高，更倾向于通过资金补偿方式来积累更多的物质资本。

（3）社会资本对牧民资金补偿方式和社会补偿方式具有显著的影响，其对资金补偿方式的标准化路径系数为 - 0.767，对政策补偿方式的标准化路径系数为 0.708，这表明：对现有的社会化服务满意以及草地生态保护补偿满意的牧民，牧民不会偏向于资金补偿方式；而单一的资金补偿只能维持最低的生活支出，牧民更倾向于社会类补偿方式，更加看重政策优惠提供的社会保障、社会化服务等方面，因此应该加强牧民的技术培训，拓宽牧民的就业渠道。

6.5　进一步讨论

考虑牧民能力的异质性，有助于根据牧民的需求进行补偿，牧民也需要直接的草原生态环境保护和建设、牧区基础设施建设和社会发展建设、畜牧业生产装备建设、牧民基本生活保障等这些"硬件支援"，但是如果不具备必要的"软件环境"，这些硬件支援难以真正有效的运作，例如，牧民的市场运作能力与专业知识、牧民使用权利的安全等，这是牧民生存的"软件环境"，也是牧民最需要的"瓶颈资源"，但是目前国家在进行补偿的过程中，往往是各个部门以自己的角度的贡献和各自投入的"边际效益"，这难以改变整个补偿的格局，牧民实际受益也较低，国家资金的效率也不会提高，而人们一旦习惯于将"国家支援""生态补偿"概念等同于工程项目的大集合，补偿的数量就成为中央政府与地方政府关注的焦点，而补偿的环境支持与过程就越难得到有影响的部门的关注。上文是基于牧民的视角，"自下而上"分析了牧民对补偿方式的偏好。针对政府方面，也应该改进补偿方式：首先，国家从整体上而不是从某一个方面的投资来研究"生态补偿"与红线划定的关系，它是由多个部门共同制定的一个长期综合规划，必须将草原生态环境的改善放在第一位，确保在经济政策上与资金上优先加以保证，将牧民综合能力的扶持当作加强的补偿内容之一。其次，对于人力资本较高的牧民，如受教育程度较高的牧民，划定生态保护红线后，更加关心草地的利用方式；对于物质资本充裕的牧民，如草地规模大、关注草地质量要求的，希望得到资金补偿，其中，可以因地制宜，将牧民的饲草料价格考虑进补助，从而减轻牧民的养殖成本；对于现有规模满意的牧民，尤其是拥有较大养殖规模的大户，如家庭牧场，希望得到更多的社会化的补偿方式。最后，生态保护红线划定后，在构建补偿方式方面，不仅要考虑牧民资源禀赋的异质性，针对性地进行"输血型"的补偿，而且随着政策的实施，逐渐实行"造血型"的补偿，通过"多形式 + 分阶段"的补偿模式，促使补偿效率提高。

6.6 本 章 小 结

在目前的补偿方式中，主要以现金为主。通过调研了解到，大多数牧民认为现金补偿忽视了自己对补偿方式的诉求，而且补偿的现金也不足以保障牧民生活水平不降低。本章基于牧民的需求，试图从牧民的能力出发，探索其对补偿方式的偏好，希望从根本上减轻牧民相应的养殖成本，拓宽牧民的就业选择。本书验证了能力不同的牧民对补偿方式具有不同的偏好，所以，应该在基于现有的补偿方式的基础上，掌握牧民的生计需求，了解不同类型的牧民的能力水平，根据不同的需求，探索多元化的补偿方式。

第 7 章

生态保护红线区草原生态
利益相关者分析：监督管理

7.1　问题的提出

生态保护红线的制度是明确的，为了保证红线区草原的可持续利用，需要通过有效的监管和一定的约束机制来实现。牧民和地方政府是草原最直接的利益相关者，生态保护红线划定后，重构草原生态补偿机制是否能实现草原生态治理目标，以及转化为牧民的自觉行动，除了考虑红线区牧民的受偿意愿以及红线内草原主导的生态系统价值、牧民对补偿方式的偏好外，还需探讨生态保护红线政策落实后草原生态的监管，本章运用演化博弈论的框架系统地阐述了此问题，明确了监管弱的原因，并对生态保护红线区草原生态补偿的监管提出了针对性的建议。

传统的博弈理论是以完全理性经济人为假设前提的，而演化博弈论认为，人是有限理性的，人是会在不断尝试或者试错的过程中，基于自身的利益选择，形成最优的策略，但是仅仅是基于两方的博弈，一般很难达到稳定均衡，因此，有一些学者提出，在对于利益相关者的行为策略进行博弈分析时，必须要找到一个具有决策权的机制，在激励约束机制下探讨利益相关者的行为（邓鑫洋，2016；周永军，2015；李昌峰等，2014）。生态保护红线划定后，监督管理作为落实政策的执行机制，为了更加有效地发挥其作用，需对其涉及的利益相关者的行为进行深入分析。因此，运用博弈论的分析框架系统地阐释生态保护红线区草原生态补偿的监管问题，对无中央政府干预时的弱监管、有中央政府干预时强监管进行讨论与分析，促使政策有效实施。

7.2 主要利益相关者界定

生态保护红线划定后，不同的利益相关者为了保护草原，都需付出一定的代价，如何对不同利益相关者之间的利益进行协调，尤为重要。补偿主体主要是指在草原保护过程中，是受益人且能提供补偿；补偿客体主要包括为了保护草原，而失去一定的发展机会。生态保护红线的划定涉及众多的利益相关者，关系错综复杂，尤其是草原作为公共产品，包括的受益人很多，但是为了充分发挥生态保护红线政策的激励效果，识别与政策实施、执行、落地的利益相关者，是很有必要的。因此，本书以中央政府、地方政府、牧民三者为主要核心人进行分析。

7.2.1 中央政府

中央政府作为重要的补偿主体，承担着对生态保护红线区草原生态补偿政策的制定、实施和完善的职责。其作为草原的所有者，划定生态保护红线后，草原的保护更需要其对利益相关者进行干预。其目标是从全局出发，追求整体利益的最大化，为了更好地发挥生态保护红线制度的效用，作为国家的行政机关，需要加强补、奖、罚的力度，并且对生态保护红线区域实施动态监测。

7.2.2　地方政府

地方政府主要负责政策在区域的实施与监督，和中央政府具有不同的利益偏好和目标函数，其目标不仅是在最优策略范围内，寻求本区域的利益最大化，而且要平衡当地经济发展和环境保护的冲突。随着未来生态保护红线政策的不断完善，除中央政府外，地方政府也必须能够承担一定的保护责任。

7.2.3　牧民

牧民参与生态保护行动是社会机制的重要组成部分，其活动主要包括：一是牧民参与监督，如对生态法规、政策及计划的制订和执行的建议举报等监督性介入行为；二是参与实务，如牧民的生态消费，对生态保护的义务活动等。牧民放牧活动直接影响着草原生态恢复状况，在生态补偿机制中，针对现行政策考虑不足的问题，未来生态保护红线划定后，生态保护红线区的管理部门需要对牧民进行生态补偿。

7.3　地方政府与牧民之间的演化博弈分析

演化博弈分析以行为主体有限理性为前提，通过分析利益相关者的不同策略选择，建立合理的激励约束机制，探索其持续博弈的过程中决策行为的演变原因及局部稳定性的问题，从而引导和约束利益相关方的决策行为，根据已有研究成果，构建如下演化博弈模型。

7.3.1 基本假设和参数设定

根据上述假设，本书做出如下的变量设定：

C_H，表示牧民保护草原生态红线区总成本，即牧民保护生态红线区的直接成本与机会成本之和。

R，表示当地政府对牧民的生态补偿额度。

G_T，表示政府在监管草原生态保护红线区时，牧民因没有遵守规定而受到的惩罚。

C_G，表示牧民保护或者不保护草原生态红线区时，政府的监管成本。

P，表示牧民不保护而扣除的草原生态补偿金比例。

V，表示牧民不保护，政府监管带来的收益。

S，表示牧民不保护政府不监管的情况下，政府的损失。

7.3.2 模型构建

由以上基本假设和变量设定，可以得出政府和牧民分别采取不同策略时各自的收益函数，进而构建博弈双方的成本收益矩阵，也就是生态保护红线区草原生态补偿利益相关者博弈分析模型，如表7-1所示。

表7-1 政府和牧民的博弈支付矩阵

项目		政府	
		监管	不监管
牧民	保护	$R - C_H$，$-C_G$	$R - C_H$，0
	不保护	$(1-P)R - G_T$，$-C_G + G_T + V$	R，$-S$

7.3.3 复制动态方程与局部均衡点稳定性分析

设在有限理性的前提下，假设牧民保护的概率是 x，不保护的概率是 $1-x$，政府监管的概率是 y，不监管的概率是 $1-y$，其中，$0 \leqslant x \leqslant 1$，$0 \leqslant y \leqslant 1$。

牧民采取保护和不保护的期望收益 U_{11}、U_{12}，以及平均期望收益 $\overline{U_1}$ 分别为：

$$U_{11} = y(R - C_H) + (1 - y)(R - C_H) \tag{7-1}$$

$$U_{12} = y[(1 - P)R - G_T] + (1 - y)R \tag{7-2}$$

$$\overline{U_1} = xU_{11} + (1 - x)U_{12} \tag{7-3}$$

政府采取监管和不监管的期望收益 U_{21}、U_{22}，以及平均期望收益 $\overline{U_2}$ 分别为：

$$U_{21} = x(-C_G) + (1 - x)(-C_G + G_T + V) \tag{7-4}$$

$$U_{22} = (1 - x)(-S) \tag{7-5}$$

$$\overline{U_2} = yU_{21} + (1 - y)U_{22} \tag{7-6}$$

牧民和政府对 x 和 y 的复制动态方程分别为：

$$F(x) = \frac{\mathrm{d}x}{\mathrm{d}t} = x(U_{11} - \overline{U_1}) = x(1 - x)[-C_H + y(PR + G_T)] \tag{7-7}$$

$$F(y) = \frac{\mathrm{d}y}{\mathrm{d}t} = y(U_{21} - \overline{U_2}) = y(1 - y)[-C_G + (1 - x)(G_T + V + S)]$$

$$\tag{7-8}$$

当博弈达到均衡时，博弈主体的策略选择趋于稳定，令 $F(x) = 0$、$F(y) = 0$ 同时成立，求得牧民和政府的动态演化博弈矩阵的局部均衡点为 $(0,0)$、$(0,1)$、$(1,0)$、$(1,1)$、$(x^* = 1 - \dfrac{C_G}{G_T + V + S}$，$y^* = \dfrac{C_H}{PR + G_T})$。

$F(x)$ 和 $F(y)$ 的动态演化博弈系统均衡点的稳定性由该系统的雅克比矩阵的局部稳定性分析得到，进而分析牧民和政府的策略选择及演变，由公式（7-7）和公式（7-8）所构成的动态复制系统雅克比矩阵为：

$$J = \begin{bmatrix} \dfrac{\partial F(x)}{\partial x} & \dfrac{\partial F(x)}{\partial y} \\ \dfrac{\partial F(y)}{\partial x} & \dfrac{\partial F(y)}{\partial y} \end{bmatrix}$$

$$= \begin{bmatrix} (1-2x)\left[-C_H + y(PR+G_T)\right] & x(1-x)(PR+G_T) \\ y(y-1)(G_T+V+S) & (1-2y)\left[-C_G + (1-x)(G_T+V+S)\right] \end{bmatrix}$$

由以上矩阵可得，$F(x)$ 和 $F(y)$ 的雅克比矩阵对应的行列式和迹如下：

$$\text{Det}(J) = A - B \tag{7-9}$$

其中，$A = (1-2x)(1-2y)\left[-C_H + y(PR+G_T)\right]\left[-C_G + (1-x)(G_T+V+S)\right]$，$B = x(1-x)y(y-1)(G_T+V+S)(PR+G_T)$。

$$\text{Tr}(J) = (1-2x)\left[-C_H + y(PR+G_T)\right] + (1-2y)$$
$$\left[-C_G + (1-x)(G_T+V+S)\right] \tag{7-10}$$

由公式（7-9）和公式（7-10）可得，当博弈主体的策略选择处于局部均衡点，$F(x)$、$F(y)$ 对应的行列式和迹如表 7-2 所示：

表 7-2 系统雅克比矩阵对应的行列式和迹分析

局部均衡点	$\text{Det}(J)$	$\text{Tr}(J)$
$(0,0)$	$(-C_H)(-C_G+G_T+V+S)$	$-C_H-C_G+G_T+V+S$
$(0,1)$	$-(-C_H+PR+G_T)(-C_G+G_T+V+S)$	$(-C_H+PR+G_T)-(-C_G+G_T+V+S)$
$(1,0)$	$-(-C_H)(-C_G)$	C_H-C_G
$(1,1)$	$(-C_H+PR+G_T)(-C_G)$	$-(-C_H+PR+G_T)+C_G$
(x^*,y^*)	$\dfrac{C_G C_H(-C_G+G_T+V+S)(-C_H+PR+G_T)}{(G_T+V+S)(PR+G_T)}$	0

7.3.4 结果与分析

当 $C_G > G_T+V+S$，且 $C_H > PR+G_T$，此均衡点的局部稳定性分析如表 7-3 所示，当地方政府采取不监管的策略时，使得牧民不保护草原的收益大于保护草原的收益，系统将收敛 0（不保护，不监管）具体含义是：牧民遵守的成本大于违约成本，牧民总是选择不遵守政策规定；政府监管成本大于不监管成本，政府倾向于不监管。此时，社会所期盼的最优策略无法实现。

表 7－3   均衡点的局部稳定性分析

局部均衡点	Det(J)	Tr(J)	状态
(0，0)	+	－	ESS
(0，1)	－	+ －	不稳定
(1，0)	－	+ －	不稳定
(1，1)	+	+	不稳定
(x^*，y^*)	+ －	0	鞍点

假设社会所期盼达到的最优策略是演化博弈系统的演化稳定策略，此时策略（1，1）是演化博弈分析模型的演化稳定均衡，满足 Det(J) > 0、Tr(J) < 0 这两个条件，将（1，1）代入公式（7－9）和公式（7－10）可得：

$$\text{Det}(1，1) = (-C_H + PR + G_T)(-C_G) > 0 \qquad (7-11)$$

$$\text{Tr}(1，1) = -(-C_H + PR + G_T) + C_G < 0 \qquad (7-12)$$

因为（$-C_H + PR + G_T$）（$-C_G$）> 0、C_G > 0，可得 $C_H > PR + G_T$，即牧民总是不遵守，因此假设错误，所以牧民和政府自主博弈时，策略（1，1）不是演化博弈模型分析的稳定均衡点，即社会所期望达到的最优策略（牧民"保护"、政府"监管"策略）不能演变为牧民和政府博弈的演化稳定策略。

7.4 中央政府、地方政府和牧民
三方之间的演化博弈分析

由以上分析可知，从长期看，牧民和地方政府间因不同的利益诉求，

双方自主选择无法实现社会期望的最优策略，因此，必须加强中央政府干预，建立内部奖惩与外部激励机制，协调各方的收益，即对牧民和地方政府进行合理的补偿、奖励和惩罚，从而规范牧民和政府的行为，促进社会期望最优策略的实现，实现公共价值。

7.4.1 新增的变量设定和假设

R_0，表示牧民、政府同时履行义务或者只有一方履行义务，中央政府针对履行义务的给予补偿。

E_1，表示牧民和政府只有一方不履行义务，中央政府给予的处罚。

E_2，表示牧民和政府都不履行义务，中央政府给予的处罚。

7.4.2 模型构建

引入中央政府的激励约束机制后，中央政府、地方政府、牧民三方之间进行博弈，构建博弈的支付矩阵如表 7-4 所示。

表 7-4　　　　　　　激励约束机制下政府和牧民的博弈支付矩阵

项目		政府	
		监管	不监管
牧民	保护	$R - C_H + R_0，\ -C_G + R_0$	$R - C_H + R_0，\ -E_1$
	不保护	$(1-P)R - G_T - E_1，\ -C_G + G_T + V + R_0$	$R - E_2，\ -S - E_2$

7.4.3 激励约束机制下复制动态方程与局部均衡点稳定性分析

同理，由表 7-4 可以得到激励约束机制下牧民采取"保护"策略，政府采取"监管"策略的复制动态方程，分别为：

$$D(x) = \frac{\mathrm{d}x}{\mathrm{d}t} = x(1-x)\left[-C_H + R_0 + (PR + G_T + E_1 - E_2)y + E_2\right]$$

$$(7-13)$$

$$D(y) = \frac{\mathrm{d}y}{\mathrm{d}t} = y(1-y)\left[-C_G + R_0 + G_T + V + S + E_2 + (E_1 - G_T - V - S - E_2)x\right]$$

$$(7-14)$$

从公式（7-13）和公式（7-14）可以得到引入激励约束机制后政府和牧民演化博弈的动态复制系统，该系统的雅克比矩阵为：

$$J = \begin{bmatrix} \dfrac{\partial D(x)}{\partial x} & \dfrac{\partial D(x)}{\partial y} \\ \dfrac{\partial D(y)}{\partial x} & \dfrac{\partial D(y)}{\partial y} \end{bmatrix}$$

由以上矩阵，可得对应的行列式和迹为：

$$\mathrm{Det}(J) = A_1 - B_1$$

$$A_1 = (1-2x)(1-2y)\left[-C_H + R_0 + (PR + G_T + E_1 - E_2)y + E_2\right]$$
$$\left[-C_G + R_0 + G_T + V + S + E_2 + (E_1 - G_T - V - S - E_2)\right] \quad (7-15)$$

$$B_1 = (1-2x)\left[-C_H + R_0 + (PR + G_T + E_1 - E_2)y + E_2\right] + (1-2y)$$
$$\left[-C_G + R_0 + G_T + V + S + E_2 + (E_1 - G_T - V - S - E_2)x\right] \quad (7-16)$$

由公式（7-15）和公式（7-16）可得，引入激励约束机制后利益相关者动态演化博弈系统 5 个局部均衡点（0，0）、（0，1）、（1，0）、（1，1）、（$x^* = \dfrac{C_G - R_0 - G_T - V - S - E_2}{E_1 - G_T - V - S - E_2}$，$y^* = \dfrac{C_H - R_0 - E_2}{PR + G_T + E_1 - E_2}$），各均衡点的行列式和迹如表 7-5 所示。

表 7-5 系统雅克比矩阵的行列式和迹分析

局部均衡点	Det(J)	Tr(J)
（0，0）	$(-C_H + R_0 + E_2)(-C_G + R_0 + G_T + V + S + E_2)$	$(-C_H + R_0 + E_2)$ $+ (-C_G + R_0 + G_T + V + S + E_2)$

局部均衡点	Det(J)	Tr(J)
(0, 1)	$(-C_H + R_0 + PR + G_T + E_1)$ $(-C_G + R_0 + G_T + V + S + E_2)$	$(-C_H + PR + E_1)$ $+ (C_G - V - S - E_2)$
(1, 0)	$-(-C_H + R_0 + E_2)(-C_G + R_0 + E_1)$	$-(-C_H + R_0 + E_2)$ $+ (-C_G + R_0 + E_1)$
(1, 1)	$(-C_H + R_0 + PR + G_T + E_1)(-C_G + R_0 + E_1)$	$(-C_H + R_0 + PR + G_T + E_1)$ $+ (C_G - R_0 - E_1)$
(x^*, y^*)	M/N	0

其中，$M = (-C_G + R_0 + G_T + V + S + E_2)(-C_G + R_0 + E_1)(C_H - R_0 - E_2)(-C_H + R_0 + PR + G_T + E_1)$，$N = (E_1 - G_T - V - S - E_2)(PR + G_T + E_1 - E_2)$。

7.4.4 结果与分析

（1）在激励约束机制下，由费里德曼（Friedman）提出的方法，在5个局部均衡点中，若使牧民采取"保护"策略，政府采取"监管"策略，即（1, 1）成为动态博弈系统演化的稳定策略，此时需满足的条件是：

$$\text{Det}(1, 1) = (-C_H + R_0 + PR + G_T + E_1)(-C_G + R_0 + E_1) > 0$$
$$(7-17)$$

$$\text{Tr}(1, 1) = (-C_H + R_0 + PR + G_T + E_1) + (C_G - R_0 - E_1) < 0$$
$$(7-18)$$

求解不等式组公式（7-17）和公式（7-18），得：

$$R_0 + PR + G_T + E_1 - C_H > 0$$
$$R_0 + E_1 - C_G > 0$$
$$(7-19)$$

同理，分析其他均衡点的稳定性，对应的稳定性如表7-6所示。

表 7 - 6   各均衡点的局部稳定性分析

局部均衡点	Det(J)	Tr(J)	状态
$(0, 0)$	+	±	不稳定
$(0, 1)$	−	±	不稳定
$(1, 0)$	−	±	不稳定
$(1, 1)$	+	−	稳定
(x^*, y^*)	±	0	鞍点

（2）当 $C_G < G_T + V + S$，且 $C_H < PR + G_T$，仍不存在纯策略的均衡，由公式（7-3）和公式（7-6）可知，$\partial \overline{U_1}/\partial x = -C_H + y(PR + G_T)$，当 $y > C_H/(PR + G_T)$，$\partial \overline{U_1}/\partial x > 0$，即政府监管概率大于一定的值，牧民的期望效用与保护草原的概率成正比，倾向于保护，$\partial \overline{U_2}/\partial y = -C_G + (1-x)(G_T + V + S)$，当 $x < 1 - (C_G/G_T + V + S)$，$\partial \overline{U_2}/\partial y > 0$，即牧民保护草原的概率大于一定的值，政府的期望效用与监管的概率成正比。

因此，激励约束机制下，牧民"保护"，政府"监管"的最优策略的条件是：

$$\begin{cases} PR + G_T - C_H > -(R_0 + E_1) \\ R_0 + E_1 > C_G \\ G_T + V + S - C_G > -(R_0 + E_2) \\ E_1 > E_2 \end{cases} \quad (7-20)$$

或

$$\begin{cases} PR + G_T - C_H > -(R_0 + E_1) \\ R_0 + E_1 > C_G \\ R \leqslant G_T + V + S - C_G < -(R_0 + E_2) \\ E_1 > E_2 \end{cases} \quad (7-21)$$

为了更加有效地实现利益相关者的最优策略，必须引入中央政府对牧民和地方政府的行为进行约束激励，公式（7-20）和公式（7-21）是实现最优稳定均衡策略时中央政府、地方政府、牧民之间需满足的条件，从以上演化博弈分析中可以得到：一方面，当牧民的违约成本 $PR + G_T$ 大于遵守成本 C_H，存在最低的有效监管概率，引入中央政府的干预，对地方政府和牧民同时进行约束，当监管收益 $G_T + V + S$ 大于监管成本 C_G，使监管概率大于最低的有效监管概率，对履行义务的一方或者双方进行基础性补偿 R 和激励性补偿 R_0，对不履行义务的利益相关者进行单方惩罚 E_1 或者双方惩罚 E_2，可以更好地达到稳定均衡策略；另一方面，中央政府的合理干预是推动草原保护红线顺利实施的有效手段，在以基础性补偿为主导的情况下，至少保证牧民因保护草原不影响生活，从而增加激励性补偿和对单方、双方进行约束，其中，对单方面不履行义务博弈方的处罚大于对双方的处罚（$E_1 > E_2$），避免"不保护-弱监管-草原退化-强监管-保护-草原恢复难"的情况持续。

（3）与双方博弈相比，三方博弈对于彼此行为干预性更强，若牧民和地方政府中有任何一方不遵守生态保护政策，中央政府都将会进行制裁，即引入中央政府的激励约束机制后，这样不仅能激发牧民的保护热情，也能促进地方政府进行监督管理。但是地方政府对于红线区牧民的补偿能力是有限的，中央参与后，通过规定补偿目标，通过横向和纵向补偿，可以在一定程度上缓解地方政府的资金压力，通过协同合作有助于促进互相作出更合理的决策。

7.5 生态保护红线区利益相关者的决策行为分析

划定生态保护红线后，在牧业发展和草原生态环境改善的过程中，牧民和政府是草原保护的核心相关者，存在一定利益冲突，在博弈的过程中，在中央政府不干预及干预条件下（见图7-1），牧民保护草原时，都要付出

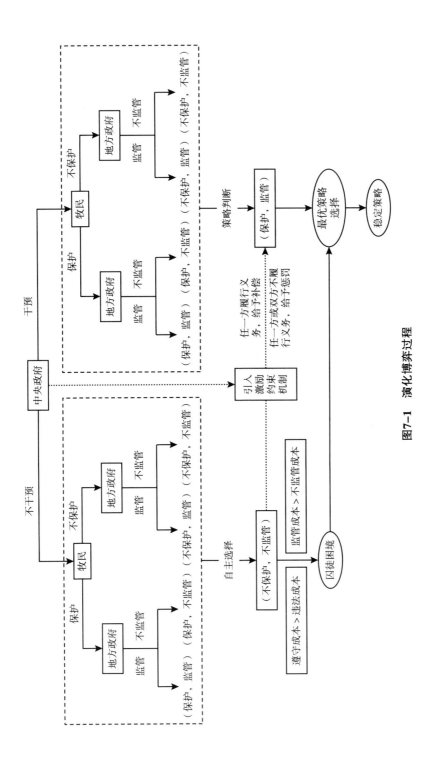

图7-1 演化博弈过程

一定的成本。首先，草原生态保护红线划定后，中央政府不干预的条件下，地方政府和牧民作为主要相关利益主体，对生态空间和权益认知存在矛盾，造成本身的行为模式与制度设计有所偏差。其存在草原生态保护红线区监管与保护的决策与行为选择的不一致。当牧民提供了生态保护服务而未受到相应的激励时，牧民会降低对生态政策的认可度，收入和草地的扭曲效应显现，从整体上影响了政策的实施。其次，划定并严守生态保护红线，对于提高生态系统服务功能和优质生态产品具有重要作用，引入中央政府的干预，对地方政府和牧民双方行为进行激励约束，当合作收益预期大于合作成本时，双方才会达成合作，协调好区域间的利益冲突。

现有的草原生态补偿的监管管理体系是禁牧和草畜平衡框架下的数量监管体系，主要包括禁牧和草畜平衡责任书制度、各级草原行政主管部门监管制度、草原管护员制度、社会监督制度、草原生态补偿的绩效评价考核制度。

（1）选取红线占比面积较大，以及主导不同生态系统服务功能的旗县进行调研。目前，保护红线内的牧民，每年平均得到的生态补偿金是 5678 元，则 $R = 5678$ 元/亩，由调研数据计算可得，牧民养畜的平均净收益是 67868 元（2020 年，每只羊的均价是 1000～1200 元，每头牛均价 11000～18000 元），牧民遵守政府规定而产生的损失为 C_H，这是牧民收入的一部分，而牧民的主要收入来源于养畜，必有 $C_H < 67868$，而在现有补偿标准的情况下，$R < 67868$，那么不必然有 $C_H > R$，则 $C_H > PR + G_T$，基于此，选择不保护是牧民的最佳策略选择。同时，在基本草原上超载过牧逾期未改正的，对每个超载羊单位处以 $G_T = 100$ 元的罚款，而超载给牧民带来的实际收益远远高于 100 元，违法收益大于行政处罚，牧民出现宁愿交罚款受处罚的现象。因此，划定草原保护红线的情况下，必须引入中央政府的干预。

（2）基于调研实际情况，目前草原保护红线内，补奖发放的措施是在禁牧区依据生态局、农牧局等部门核查的结果和生态管护员的日常监管，对红线内达到禁牧标准的牧户足额发放奖补资金，未达到禁牧标准的全额扣发，对达到草畜平衡区的县发放资金总额的 70%，剩余 30% 的资金依据每年日历年度普查数据，达到则发放，未达到则扣发，若令 $P = 30\%$（实际 $P > 30\%$），在对 270 户牧民进行访谈中，有 27 户存在超载，平均每户的罚款为 1000 元，每户获得的平均生态补偿金为 16678 元，因为超载而占草原生态补偿金的比例为 6%，违约成本约为 36%。以饲养乌珠穆沁羊为例，人均 1056 亩草场，可饲养过冬牲畜 30 羊单位（基础母羊），年产羔羊平均 30 只，按市场平均价 1000 元，扣除母羊饲养支出成本约为 300 元/只（饲草料、驱虫药浴费、配种费、饮水用电等），每只羊的利润约 700 元，而人均纯收入为 30 × 700 = 21000 元。对于禁牧区，补助金：9 × 1056 = 9504 元，减畜损失了 5496 元，草畜平衡区人均收入为 18168 元（卖羊纯收入 15000 元 + 奖励资金 3168 元），由于物价不断上涨等因素的存在，使生产和生活成本不断上升，持续稳定增收的动力不足。因此，划定生态保护红线后，为了保证草原生态保护效果，通过中央政府的干预，提高补偿标准，加强内部监管，是落实生态保护红线政策的有效手段。

综上分析，划定生态保护红线后，通过构建中央政府、地方政府、牧民三方的演化博弈过程，得到了生态保护行为取得的效果低的理论根源，进而明确了针对不同利益主体构建"强化激励 + 硬化约束"的方式。

第一，对于中央政府而言，一方面，加强政策监管执行力度，主要通过对破坏生态保护红线区草原违法行为进行处罚，从生态功能、面积、性质、管理等方面开展生态保护红线的监管；另一方面，降低以经济的指标来考核地方的发展程度，明晰地方政府的事权，进而以其提供的公共服务和产品以及牧民对地方政府的满意度等，作为考量转移支付的标准，与地方政府设立草原生态补偿基金，同时配套社会类补偿措施，如提供技术培训、贷款优惠等。

第二，对于地方政府而言，首先，应该强化自身行为的约束，避免区域之间的免费"搭便车"。其次，以中央政府规定的事权为基础，承担责任，提供公共服务与产品，对于牧民而言，草原是他们进行畜牧业生产的基地，保护草原，就是保住了"生计"。一方面，提高牧民遵守政策带来的收益，为其提供项目支持与产业支持；另一方面，构建长远的社会保障机制，建立生态补偿税，以此提高保护红线区草原生态保护的实效作用。

7.6　本章小结

本章的三个层次的博弈既有微观层面、又有宏观层面。从微观上探讨了牧民和地方政府的初始博弈，又从宏观上探讨了加入中央政府之后的三方博弈，与双方博弈相比，三方博弈对彼此的行为干预更强，生态保护红线划定后，会建立严格的管理制度和产业准入机制，若牧民和地方政府有一方不履行自己的义务，中央政府给予惩罚，这样对双方都有约束，更能激发双方保护生态的积极性，地方政府给牧民的补偿是有限的，中央政府参与后，规定补偿目标，促进了双方之间的合作，同时，加强环境监管，防止拉低财政资金的效率。

第 8 章

生态保护红线区草原生态
补偿机制重构路径

红线区生态补偿机制的重构，关键就是协调红线内利益主体之间的冲突，因此，应该从不同的方面进行完善。

8.1 丰富生态保护红线区的补偿主体

目前，中央和各级地方政府是草原生态补偿的主要补偿主体，通过纵向补偿对生态环境效益付费。划定生态保护红线后，为了发挥生态补偿的效能，需考虑红线区主导的生态系统服务的价值，然而补偿金额有限，可能会加重中央财政的压力，难以弥补牧区草原牧民为保护生态所承担的各项经济损失，进而无法有效激励受偿主体自觉保护草原生态，由此，有必要丰富主体，引入社会资本、第三方企业等，通过建立纵向和横向的生态补偿机制，推动"区域生态供体－受体（划定区域－关联区域）"的耦合，以及"保护－监管"的协调等模式，弥补地方在划定生态保护红线后的经济损失。同时财政厅应会同有关部门建立生态保护红线生态补偿制度，落实资金投入的同时，以旗（县、区）级人民政府为基本单元，在重点生态功能区转移支付的基础上，将生态保护红线内面积和生态系统服务功能重要性作为转移支付因素，进而达到引入受益地区横向生态补偿方式的目标，扩大生态补偿的覆盖面，另外，生态补偿资金缺口较大，而生态系统服务和生态保护的成果一般又存在较长时期内才产生正外部性的问题，因此，将社会资本引入红线区的补偿领域，鼓励引导非草原受益地区更多利益主体广泛参与到政策实施的过程当中，承担起共同保护草原生态的责任。

8.2　多渠道提升牧民福祉

生态保护和修复是一项重大的工程，牧民和地方政府进行博弈时，其行为选择与其保护成本、保护收益的大小有关，当保护成本大于保护收益时，不会达到纳什均衡，牧民和地方政府都更加关注自身利益。此时，政府部门为了提高牧民保护生态的概率，引入中央政府的激励约束机制。一方面，通过宣传让牧民了解到生态效益的潜在价值，对遵守保护草原的行为进行补偿，对不遵守、不监管行为进行惩罚；另一方面，政府管理部门应该合理有效的利用当地草原提供的生态资源，改善牧民的就业状况，加大牧民的经济收入来源，从而降低牧民损失的额外成本 C_H。同时，不仅通过扩大绿色金融项目（如大数据、人工智能等）对项目进行识别和生态效益的测算，而且对补偿制度进行修订，把生态保护红线主导的生态系统服务功能作为重要的内容纳入牧区草原生态补偿范畴，加快研究制定《生态保护红线区生态补偿条例》，为红线区的牧民寻求到生态保护与经济协调发展的路径，促使政策的准确性和直达性的实现。

8.3　加强生态保护红线区的监测管控

（1）生态保护红线管理部门与牧民，在相互博弈中达到混合策略纳什均衡时，地方政府部门可以通过健全管理体制的方式，使管理部门和牧民之间能够互相监督。

（2）中央政府应该制定生态保护红线区允许开展的活动管理目录，明确允许目录、条件和管控要求，引导牧民进行绿色保护，对破坏生态的违法企业建立退出机制，加大处罚力度，同时，对于已取得许可经营证明的企业，给予相关优惠政策和技术支持，鼓励生态保护红线区的企业进行绿色生产。

（3）引入第三方评价机制（如科研机构、环保协会等）对破坏生态保护红线规定的利益相关者进行终身责任追究。为此，一方面，中央政府部门需要健全地方政府的考核体系；另一方面，地方政府的管理部门可以通过完善监管制度（如加大惩处力度、促使牧民互相监督）来提高罚款额，同时可以加强技术创新（如提高监测技术）来提高监督概率和违约成本、降低监管成本。

（4）完善监测监控的周期，基于已有的人工监测，运用区块链技术对生态保护红线状况、生态系统类型进行精确的监测。

第9章
结论与政策建议

9.1 主要研究结论

本书通过对国内外环境服务付费、生态保护红线与生态补偿、草原生态政策的相关文献进行梳理，基于外部性理论、生态价值理论、"社会－经济－自然"复合生态系统理论、博弈理论，以锡林郭勒盟划定的生态保护红线最大的三个旗县为例，首先，采用条件价值评估法来测算牧民的受偿意愿和额度，应用计量模型测算了影响牧民受偿意愿的因素。其次，通过文献梳理和理论分析，发现牧民的能力和牧民对补偿方式的偏好具有很大的关系，采用结构方程模型研究了二者的影响机理。最后，采用博弈理论分析了利益相关者的决策行为，进一步从利益相关者的识别方面分析了监管对政策实施的作用，基于上述研究，得出本书主要研究结论。

9.1.1 生态保护红线区草原生态补偿标准的分析

以生态红线面积管控面积占比较大的三个旗县为调研对象，对牧民的家庭基本情况、对生态保护红线划定的重要性和对生态补偿标准的认知以及牧民对草原生态受偿意愿进行了调查分析，同时通过与锡林郭勒盟生态环境局、自然资源局座谈，明确目前三个旗县最核心的生态服务功能，得出如下结论：

（1）划定生态保护红线后，相比较而言，91.1%牧民对红线内的补偿认识具有正向的态度，以其对红线内补偿的认识作为参考，对红线的划定和落地具有较强的现实意义。

（2）采用条件价值评估法中的支付卡式的询价方式，不考虑客观因素估算牧民的受偿意愿额度是 29 元/亩，通过非参数统计估算牧民的受偿意愿额度是 21 元/亩，即最低补偿额度是 21 元/亩，21～29 元/亩可以作为锡林郭勒盟对实施生态保护红线的旗县草原补偿标准的动态调整区间。

（3）牧民的受偿意愿额度受到年龄、文化程度、家庭规模、年均收入、对草原生态系统价值的认识、自有草地面积等多种因素的影响，具体而言，牧民年龄、文化程度、年均收入和对草原生态系统价值的认知具有显著的正向影响，家庭规模和自有草地面积对补偿意愿额度具有负向影响。

（4）考虑生态保护红线划定的面积、红线区草原主导的生态系统服务功能，正蓝旗的补偿资金为 2.14 亿元，苏尼特左旗的补偿资金为 8.5 亿元，东乌珠穆沁旗的补偿资金是 11.9 亿元。

9.1.2 生态保护红线区牧民对草原生态补偿方式的偏好分析

通过文献梳理以及调研发现，牧民对补偿方式的偏好与其能力有很大的关系，所以基于能力理论，从拥有不同资本的方面来探讨牧民对补偿方式的选择。生态保护红线划定后，不同能力的牧民更加希望得到有针对性的补偿方式。

（1）人力资本对资金补偿方式影响较小，与社会补偿方式选择呈负相关，与实物补偿方式呈正相关。较高的人力资本水平使牧民更加关注草地质量建设，在补偿方式上更倾向于实物补偿，例如，文化程度高、对牧业技术掌握较充分的牧民，希望得到草地等更多实质性的补偿。物质资本越多的牧民，对扩大草地规模、提高草地质量，以及改善牧业基础设施的期望越高，更倾向于通过资金补偿方式来积累更多的物质资本。社会资本越高，牧民不会偏向于资金补偿方式更倾向于政策补偿，更加看重政策优惠，提供的社会保障、社会化服务等方面，更加倾向于社会化补偿方式。

（2）划定生态保护红线后，为了实现草原生态环境的改善，不仅仅是提高生态补偿标准，根据牧民的需求，应该配套多元化的补偿方式，例如，养老金的社会保障方式、将饲草料纳入补助的范围。

9.1.3 生态保护红线区草原生态利益相关者分析：监督管理

基于构建演化博弈理论模型，分析了牧民和地方政府、中央政府的逻辑关系，得出结论如下：

（1）牧民在收益大于保护成本的前提下，不论政府是否进行补偿，牧民都会有保护草原生态环境的意愿，倘若收益小于保护成本，牧民的占优策略时不保护，引入激励约束机制尤为必要，所以牧民和地方政府的保护和监管行为必须由中央政府的"约束机制"作为保障，生态保护红线区草原的生态补偿才能实现"均衡"，即实现效用最大化。

（2）中央政府的合理干预是推动草原保护红线顺利实施的有效手段，在以基础性补偿为主导的情况下，至少保证牧民因保护草原而不影响生活，从而增加激励性补偿和对单方、双方进行约束，其中，对单方面不履行义务博弈方的处罚大于对双方的处罚（$E_1 > E_2$），明确了他们的"权责利"，避免"不保护–弱监管–草原退化–强监管–保护–草原恢复难"的情况持续。

（3）为了推动生态保护红线区的生态补偿，在牧民选择保护环境策略与地方政府实施监管的情况下，中央政府进行有效的监督和惩罚的同时，以"谁受益谁补偿"的原则，根据划定的生态保护红线面积，扩大补偿范围，实现补偿主体与补偿客体参与广泛化以及补偿资金多渠道化，充分调动牧民改善草原生态环境的积极性。

9.2 政 策 建 议

生态保护红线划定后，重构草原生态补偿机制，是促进政策有效实施的目的。也是本书研究的主要目的。第 5 章实证分析了划定生态保护红线，牧民的受偿意愿，以及牧民受偿意愿的影响因素，测算了红线区主导的生态系统服务的价值；第 6 章基于结构方程模型提出了牧民愿意接受的补偿方式与自身的资本有关；第 7 章从相关利益主体的角度，运用演化博弈的方法，提出监督管理的重要性；第 8 章提出了重构生态保护红线区草原补偿的机制，基于此，综合以上内容的分析，本书提出了生态保护红线区重构机制的建议。

9.2.1 生态保护红线区的补偿标准应充分体现主导的生态功能价值

现行的生态补偿资金的分配，不是基于生态保护红线划定的背景，没有以生态系统服务功能价值为导向的科学补偿方式，导致生态补偿金额与其潜在的实际生态价值出现较大的偏离。因此，将生态服务价值的估算列入生态补偿金分配是生态保护红线政策实施需要重点考虑的因素。一是需加强生态服务功能的潜在价值的保护；二是提高绿色 GDP 的比重。基于此，为了真正提高草原生态补偿的效能，应该以基础性补偿（考虑红线区划定面积、主导生态功能、牧民生活水平）和激励性补偿（综合生态功能改善程度）为基础的条件下，积极落实针对"生态保护红线区的生态补偿"的内容。

首先，落实资金投入，将生态保护红线面积和主导的重要生态服务功能作为转移支付的重要性因素；其次，明确补偿机制中的核心要素，建立生态保护红线内的生态补偿政策，保证生态保护红线划定后地区间的公平；最后，通过定期评估进行调整与补充，加大对生态保护红线的支持力度，严格按照要求把财政转移支付资金主要用于保护生态环境，提高生态产品服务功能及基础公共服务水平等。

9.2.2　制定环境保护正负面清单

生态保护红线作为一项更严格的保护生态的制度，原则上按照禁止开发区域的要求进行管理，严禁改变用途，但是生态保护红线区不是"无人区"，它是在严格保护的基础上，允许人们合理地进行活动。生态保护红线区基本草原的退化程度不一样，所以应该按照不同的主导功能保护需要，制定生态保护红线区允许开展的活动管理目录，明确允许目录、条件和管控要求，并依法给予合理补偿，使经济绩效和环境绩效进行结合，确保生态用地保护性质不转换、生态功能不降低、空间面积不减少、保护责任不改变，因此，需加强部门之间的联动保障，完善评估的有效性。

9.2.3　基于牧民偏好设计补偿方式

生态保护红线划定后，确定了"补多少"后，"怎么补"也是促进政策落地需要考虑的重要因素。除了本书中提到的根据牧民能力进行匹配他们偏好的补偿方式，对于决策者来说，可以构建以嘎查为小组的民主决策机制，减少互相的信息不对称问题，或者是在不容易利用这种机制的嘎查，充分了解利益相关者的需求，通过权衡，尽量给予使参与者实现利益需求的补偿方式，从而实现双赢或者多赢。

9.2.4　建立生态保护红线的统一监管平台

在生态保护红线监管方面，不仅要牢固树立生态保护红线意识和底线思维，运用法律手段和采用最严格的措施，千方百计守住维护国家北方重要生态安全屏障，保障人居环境安全，同时，也必须坚持科学合理，因地制宜、实事求是，分类分区提出有效的管控措施。生态保护红线涉及面积大、范围广，并且涉及多部门合作的问题，若缺乏有效监管，无法保证政策的有效实施。管护草场区域大，目前各级草原管理部门人力、物力和财力资源有限，导致监管难度较大，无法满足区域的监管要求，严重制约之前的生态保护政策的实施效果，而且，草原管护多以巡查方式为主、监管、监测措施仍采用"人盯、眼看"为主，且重点管控牲畜数量，草原管护、检测工作缺乏现代化的监管监控手段，工作效率低下、成本偏高、精准度差。为了强化政策的执行力度，确保未来政策各项要求的落实到位，未来需建立生态保护红线统一监管平台，制定监管规范，综合运用遥感技术，地理信息系统和地面调查相结合的办法，对生态保护红线划定的面积、范围、主导生态功能、保护成效进行监管，严密监控生态保护红线区人类干扰活动，监管重点可以包括：一是生态保护红线面积的变化、生态保护红线内生态系统结构与生态环境质量变化、生态功能保护成效、人为干扰和破坏情况；二是从过程着手，即牧民在草原科技工作者和懂得草原的富有经验的牧民的指导下，进行施肥、补播、切根等，由政府相关部门、高校和科研院所等进行评估其效果，由专业审计部门等对于生态建设中所发生的支出票据进行专业审计后，予以补奖；三是从保护结果着手，制定科学生态绩效指标，如盖度、生物多样性等，以遥感等技术对于生态保护成果进行测算，其中考虑到自然因素（如降水量）对于草原生态影响很大，可以长期观察（如 5 年的观察），根据生态环境改善程度，在评估的基础上调整生态红线区的生态补偿资金；四是进行补偿以及管理政策落实情况等，根据评估考核结果，结合自治区实际情况，应该尽快出台《内蒙古自治区生态保护红线管理办法》等政策文件。

9.2.5　加强沟通机制，提高牧民生态保护意识

生态保护红线的划定不是一蹴而就的，从宏观层面来看，它是生态环

境部门、自然资源部门等不同个单位相互合作完成的，从微观层面来看，红线落地后，不仅需要各级政府互相合作，而且也需要社会大众共同参与。因此，一方面通过电视、广播、网络等，发布草原生态监测方面的实时动态信息，不断扩大其社会影响范围，另一方面调动牧民积极性，鼓励其积极遵守红线政策的规定。另外，通过建立双向沟通机制，尽量避免彼此信息不对称问题的发生，实现牧民与政府政策的有效传递，为今后政策的实施提供决策依据。

9.3　研究不足与展望

本书采用了条件价值评估法（CVM）、计量分析方法，揭示了生态保护红线划定下牧民的受偿意愿，以及考虑生态保护红线内的草原主导的生态系统服务价值，并且基于牧民角度，研究了牧民的能力和其对生态补偿方式的偏好，但是研究当中仍存在需进一步解决的问题。

（1）本书选取了锡林郭勒盟红线面积占比较大的三个旗县 270 户牧民作为研究样本，虽然具有一定的代表性，但是红线面积占比大、范围广，而锡林郭勒盟草原类型多样，草原利用方式与生态条件复杂，因此，本书虽具有一定的代表性，但是受限于调研区域范围，存在实证研究的区域局限性。

（2）从生态学的角度出发，草原自然资源资产总价值的核算应该包括草原土地、草原水气调节功能以及草原生物三大方面指标体系，本书只对红线区主导的生态系统服务，即草原水气调节功能下的水源涵养功能价值和防风固沙功能价值进行了核算，未来要综合三个方面，通过草原自然资源资产价值的核算方法，实现草原自然资源资产核算结果由物质量到价值量的转换。

（3）生态保护红线的划定，能够为内蒙古乃至全国范围，带来生态环境效益的改善，而本书仅仅探讨了锡林郭勒红线面积占比较大的三个旗县，受限于数据的可得性和区域生态环境保护影响因素的复杂性，研究结果的解释力有限，未来需将研究范围进一步扩大。

（4）生态保护红线内的生态补偿机制构建涉及多学科，本书在理论上有所欠缺，且锡林郭勒盟的生态保护红线也是刚刚划定，下一步不仅应该在理论上进行拓展，而且随着生态保护红线的划定，生态补偿制度的全面发展，收集和挖掘更完善的数据，对草原生态的治理提供进一步的研究。

（5）现行的红线框架下，难以避免出现生态空间和生活空间重叠的现象，红线区内外的管控必将产生差异，本书仅探讨了红线内草原主导的不同生态服务，进而产生的生态价值，来确定补偿标准，以及补偿方式，执行机制等，若红线外的区域政策实施差异明显，会导致牧民产生"剥夺感"和"不公平感"，因此，加强红线内外的统筹协调，考虑微观区域内个体间的差异性，是下一步研究的重点，也是政策落地的关键。

9.4　本章小结

生态保护红线划定及落地的过程中，为了实现草原生态的保护、提升政策的实施效果，本章结合理论和实证分析的结果，从生态保护红线区补偿标准、牧民对补偿方式的偏好和管控策略方面提出了相关的政策建议。具体包括：

（1）红线区补偿标准方面。生态保护红线划定后，牧民的受偿意愿为21元/亩，根据生态保护红线内主导的生态系统服务以及生态保护红线面积，正蓝旗的补偿资金为2.14亿元，苏尼特左旗的补偿资金为8.5亿元，东乌珠穆沁旗的补偿资金是11.9亿元。因此，不仅需要扩大资金来源，连接区域供体－受体生态区域，而且根据牧民的能力不同，依据牧民不同的需求，有针对性地拓宽补偿方式。对具备草原生态主导服务功能且纳入生态保护红线的区域实行优先补偿、并提高重点补偿区域的补偿系数。

（2）红线区牧民对补偿方式的偏好方面。牧民对补偿方式的选择表面上看是一种必然的选择，实际上牧民对补偿方式的选择和行为存在一定的异质性，主要表现在不同能力的牧民对不同的补偿方式具有一定偏好，牧民的能力类型与补偿方式的偏好存在一定的逻辑关系，因此，提高牧民自身能力，配套有针对性、多样化补偿方式是未来牧区可持续发展的最根本的保证。

（3）红线区利益相关者分析。监督管理方面，在界定利益相关者的基础上，对双方以及引入中央政府的三方等进行演化博弈分析，提出了要明确他们"权责利"，对利益相关者单方或者双方都要进行约束，协调"补、奖、罚"之间的关系。基于此，未来要不断丰富红线区的补偿主体，将红线区与受益区统筹考虑，同时，拓宽资金来源和丰富补偿方式；将估算的生态系统服务价值列入绿色 GDP 考核范围，对现有的补偿标准予以修订；明确目录，制定环境准入清单；加强生态文明建设，严格落实生态保护红线的管控要求。最后，根据目前研究的不足，提出了下一步待挖掘的内容。

牧民问卷调查表

尊敬的朋友：

　　您好，我们是目前在读的研究生，现在针对草原生态补偿政策，以及生态保护红线的实施情况进行问卷调查，想向您请教一下相关情况，占用您宝贵的时间了。和您了解的信息仅作为论文研究使用，绝不作为其他用途，希望得到您的配合和支持。十分感谢！

　　问卷编号：_____

　　访问人签名：_____

　　调研日期：_____

　　调研地址：_____盟（市）_____旗（县）_____苏木（乡）_____嘎查（村）

　　受访人姓名：_____

　　联系电话：_____

一、基本情况表（家庭劳动力数量_____，养牧劳动力数量_____）

1. 受访者姓名：_____

2. 同户主的关系：_____

3. 性别：_____

4. 民族：_____

5. 出生年份：_____

6. 受教育年限：_____

7. 从事的主要职业：_____

8. 过去的从业经历：_____

9. 是否为党员：_____

10. 是否为常住人口：_____

11. 家庭毛收入（万元）：_____

12. 家距离最近柏油马路的距离（千米）：_____

13. 有无畜牧业经营证书或培训证书？

二、草场情况

1. 您家发新的草场本了吗？

A. 是　 B. 否

2. 您家使用的草场面积____亩，春季休牧时间是____天。

3a. 家庭使用的草场面积中，自有草场____亩。其中，饲草料____亩、种植业青贮地____亩。

3b. 家庭使用的草场面积中，租入草场____亩，租金____元/亩/年。其中，放牧____亩、饲草料____亩。

3c. 家庭使用的草场面积中，出租草场____亩，租金____元/亩/年。

4. 您对现在的草地的规模满意吗？

A. 不满意　 B. 基本不满意　 C. 一般　 D. 比较满意　 E. 非常满意

5a–1 草场流转中，草场出租的原因。

A. 劳动力不足　 B. 养殖成本高，出租更划算　 C. 不想养畜　 D. 其他请说明

5a–2 草场流转中，租入草场的原因。

A. 自有草场太少　 B. 扩大养殖规模　 C. 降水少　 D. 饲草料价格高

E. 其他请说明

5b. 草场流转中，草场流转范围

A. 嘎查内　B. 苏木内嘎查外　C. 旗县内苏木外　D. 县外　E. 其他
请说明

5c. 草场流转中，草场流转对象

A. 亲戚　B. 本嘎查内部人　C. 嘎查外部人　D. 其他请说明

5d. 草场流转中，草场流转期限____年。

5e. 草场流转时，有约定草场用途吗？有约定处罚情况吗？

A. 是　B. 否

5f. 草场流转中，您觉得租草场容易吗？

A. 很容易　B. 容易　C. 一般　D. 不容易

6a. 收饲草，有没有打草机、捆草机、搂草机？

A. 是，给其他牧户提供服务吗？　B. 否

6b. 是否与周围牧户一起合作打草？

A. 是　B. 否

6c. 每亩草场打草____斤/吨/捆，青贮地每亩收____斤/吨/捆。

6d. 自产的草料够用吗？

A. 是，出售的____斤/吨/捆，每斤____元　B. 否

6e. 买草的数量及价格：干草____吨/捆，单价____元；青贮____吨/
捆，单价____元。

6f. 您购买的饲料是混合饲料还是自己买饲料回来配比混合？

6g. 购买的饲料数量及价格：精饲料（玉米、豆粕等）____袋，每袋
____元；粗饲料（玉米秆、苜蓿等）____袋，每袋____元。

7. 您认为饲草料价格与羊/牛价格比划算吗？

A. 很划算　B. 还可以　C. 差不多　D. 不划算　E. 很不划算

8. 无饲草料地的情况下，是否会接受少养来平衡收支？

A. 少养　B. 租草场　C. 补饲　D. 减羊增牛　E. 其他情况请说明

三、牧民收入支出及补贴情况等

1. 与第一轮草原生态补奖政策相比，总收入提高还是下降？

A. 提高了很多　B. 提高了一些　C. 变化不大　D. 下降了一些　E. 下降了很多

2. 如果您的收入提高了，您觉得原因是（可多选）

A. 补奖给的钱多　B. 有就业技术的支持　C. 有补奖可以有多余的时间干其他的事情

3. 改良品种。

类型	2020年中期	2019年末期	2019年中期	品种	品种改良
羊（只）	总数（　　）	总数（　　）	总数（　　）	A. 察哈尔羊 B. 苏尼特羊 C. 乌珠穆沁羊	当前人们更喜欢吃瘦肉，您有没有想过改良？ A. 是　B. 否
	母畜（　　）	母畜（　　）	母畜（　　）		
	羔子（　　）	羔子（　　）	羔子（　　）		
牛（头）	总数（　　）	总数（　　）	总数（　　）	A. 黑白花奶牛 B. 安格斯牛 C. 蒙古牛 D. 其他品种	当前安格斯牛犊价更好，您有没有打算改变？ A. 是　B. 否
	母畜（　　）	母畜（　　）	母畜（　　）		
	羔子（　　）	羔子（　　）	羔子（　　）		
马（匹）	总数（　　）	总数（　　）	总数（　　）	蒙古马	

4. 您家前几年就有这么多牲畜吗？

A. 是　B. 否

5. 有没有考虑扩大养殖规模？

A. 是（原因是：①行情好　②国家有补贴　③其他请说明）

B. 否（原因是：①年龄大了　②草场不够　③草料花销大　④其他请说明）

6. 您对自己的养殖的知识和技能，打几分？

A. 1分　B. 2分　C. 3分　D. 4分　E. 5分

7. 2019年，您家收入结构：家庭纯收入＿＿万元；年平均收入＿＿万元。收入构成包括哪些？

A. 卖成畜　B. 卖母畜　C. 卖羔子　D. 羊毛绒　E. 奶制品　F. 肉制品　G. 出租草场　H. 种植业收入　I. 其他收入　G. 工资性收入　K. 个体经营收入　L. 一卡通收入

8. 您对自己目前收入满意吗？

A. 不满意　B. 基本不满意　C. 一般　D. 比较满意　E. 非常满意

9. 养牧的过程中，会常常和牧民进行交流吗？

A. 是　B. 否

10. 您认为养牧需要什么样的条件？

A. 养殖经验　B. 政府支持　C. 资金　D. 技术　E. 其他（具体请注明）

11. 您对现在的社会化服务满意吗？

A. 特别不满意　B. 比较不满意　C. 一般　D. 比较满意　E. 非常满意

12. 您对现在的社会保障满意吗？

A. 不满意　B. 比较不满意　C. 一般　D. 比较满意　E. 非常满意

13. 您对当前的社会化服务满意吗？

A. 不满意　B. 比较不满意　C. 一般　D. 比较满意　E. 非常满意

14. 您家的支出结构，如果有请在表中填入数额，如果没有请填0，不知道请填999。

项目	指标	数额（元）
生产性支出	购买牲畜幼崽	
	购买能繁母畜	
	购买成畜	
	自食数量	
	购买饲草料	
	燃油费	
	牲畜防疫	
	打草捆草雇工	
	羊倌	
	机械设备维修	

续表

项目	指标	数额（元）
生活性支出	食品	
	衣物	
	医疗	
	交通运输费	
	教育开支	
	人情礼金	
	培训费	
	因超载、过牧的罚款	

四、拥有的牧业设备及其修理消耗情况

固定设备	数量	购买价格	个人支出/建设成本	补贴金额	考虑购买吗？A. 是 B. 否
牧业固定资产					
羊圈					
牛棚					
草棚					
青贮窖					
机井					
其他					
牧业设备资产					
药浴池					
自动吸奶机					
饲料混合搅拌机					
无人机					
监控摄像头					
其他					

续表

固定设备	数量	购买价格	个人支出/ 建设成本	补贴金额	考虑购买吗? A. 是　B. 否
生产设备					
拖拉机					
卡车					
摩托车					
机动三轮车					
其他					
生活资产					
城镇住房					
网络					
智能手机					
电脑					
其他					

五、草原生态建设与牧民评价

1. 您家近些年遭遇的自然灾害有哪些?（可多选）

A. 旱灾　B. 病虫害　C. 畜禽疫病　D. 霜冻　E. 其他（具体请注明）

2. 如果有上述灾害发生，与几年前相比较，您认为现在的灾害主要是什么?

A. 气候变化　B. 破坏植被　C. 过度放牧　D. 滥垦土地　E. 不知道
F. 其他（具体请注明）

3. 在实施一系列的生态环境保护政策的情况下，您认为自家草场的退化程度如何?

A. 未退化　B. 轻度退化（可食牧草产量减少20%以内）　C. 中度退化（减少21%～50%）　D. 重度退化（减少超过50%）

4. 与5年前相比，您认为草原发生明显退化的有哪些?

A. 牧草高度　B. 牧草密度（稀疏状况）　C. 牧草种类　D. 其他（具体请注明）

5. 您认为草原退化的根本原因是什么？（可多选，按重要顺序排序）

A. 气候干旱　B. 人口过多　C. 超载过牧　D. 放牧方式　E. 制度原因　F. 鼠害　G. 草原被开垦　H. 大面积开发矿产资源　I. 其他（具体请注明）

6. 您认为近几年的草原开垦种植面积变化情况如何？

A. 减少很多　B. 减少一些　C. 没变化　D. 增加一些　E. 增加很多

7. 您认为草原生态补奖政策对草原生态的恢复作用有什么？

A. 有利于草场恢复　B. 对草场恢复的作用不大，草场恢复靠天气　C. 有用，但轮牧较多，影响效果

8. （参加禁牧回答）目前禁牧的补偿标准____/亩。您认为补偿标准的水平。

A. 高　B. 还行　C. 低　D. 说不清楚

9. （参加草畜平衡回答）目前草畜平衡的补偿标准是____/亩。您认为补偿标准的水平。

A. 高　B. 还行　C. 低　D. 说不清楚

10. 您认为草原生态奖补项目对牧民的生产生活产生了哪些影响？（可多选）

A. 短期看饲养成本增加，但长期看有利于草场恢复　B. 饲养成本增加，收入下降　C. 饲养成本变化不大，收入变化不明显　D. 养殖头数减少，收入下降

11. 政府对偷牧或超载现象有没有监管？怎么进行监管？每年监管____次。

12. 生态建设需要政府在哪方面加大投入？（可多选，并排序）

A. 围栏　B. 饲草料　C. 畜棚暖圈　D. 青贮窖　E. 水利设施　F. 贷款优惠　G. 信息服务　H. 技术培训　I. 其他（具体请注明）

六、牧民对生态保护红线的认识

1. 草原生态保护红线划定前，您期望对草原起到的改善程度。

A. 无法得到改善（0%）　B. 小部分得到改善（20%）　C. 一般得到改善（50%）　D. 大部分得到改善（80%）　E. 全部得到改善（100%）

2.（享有禁牧补助，即拥有禁牧场的牧民回答）根据目前您家草场情况，草原生态保护红线划定的脆弱性区的范围是否合理。

A. 严重偏少　B. 比较偏少　C. 基本符合　D. 比较偏多　E. 严重偏多

3. 划定生态保护红线后，如果不允许在红线内从事垦荒或者超载放牧等，给予一定的补偿，您是否愿意？

A. 完全不愿意　B. 无所谓　C. 愿意　D. 非常愿意

4. 您认为补偿标准是____元/亩能弥补执行生态红线的划定带来的损失？

5. 您通过什么渠道了解草原生态保护红线划定的具体办法？（可多选）

A. 电视　B. 广播　C. 网络　D. 乡镇领导　E. 外出学习　F. 与他人聊天　G. 其他渠道

6. 划定生态保护红线，您期望的补偿方式有哪些？

A. 资金类补偿　B. 社会类补偿　C. 实物类补偿

7. 您对之前的补偿机制的总体设计满意程度？

A. 不满意　B. 比较不满意　C. 一般　D. 比较满意　E. 非常满意

8. 通过生态保护红线的划定，您认为草原生态环境是否可以得到改善？

A. 全部得到恢复　B. 大部分能得到改善　C. 一半能得到改善　D. 小部分能得到改善　E. 完全得不到改善

9. 划定生态保护红线后，您会关注草地质量吗？

A. 完全不关注　B. 基本不关注　C. 一般　D. 经常关注　E. 常年关注

10. 划定生态保护红线，您会关注草地的景观设计吗？

A. 完全不关注　B. 基本不关注　C. 一般　D. 经常关注　E. 常年关注

11. 划定生态保护红线后，您会参加相关的技术培训吗？

A. 不参加　B. 很少　C. 一般　D. 经常　E. 总参加

12. 您在生产经营活动中面临的困难是？（可多选）

A. 缺少资金　B. 缺少技术　C. 缺少基础设施　D. 饲草料费用太高
E. 不了解市场　F. 其他

13. 生态保护红线划定后，您期望以什么方式得到补偿？

A. 现金　B. 基础设施　C. 技术培训　D. 市场信息　E. 社会保障
F. 草地管理　G. 其他

14. 如果该政策停止实施，您会养多少牲畜数量？

A. 和政策实施时一样　B. 和政策实施前一样　C. 比政策实施前更多
D. 其他

政府问卷调查表

	项目	2019 年	2020 年
旗县数据	行政区划面积（平方千米）		
	生态保护红线面积（平方千米）		
	牧区低收入人口（万人）		
	国内生产总值（GDP，万元）		
	税收收入（万元）		
	居民人均可支配收入（元）		
	生态保护红线综合生态功能评价指数		
一般公共预算支出中生态环境保护投入成本（万元）	自然生态保护		
	退牧还草		
	……		
盟市数据	行政区划面积（平方千米）		
	区域/盟市的生态保护红线面积（平方千米）		
	区域/盟市的低收入人口（万人）		
	区域/盟市的常住人口（万人）		
	国内生产总值（GDP，万元）		
	区域/盟市的税收收入（万元）		
	牧民人均可支配收入（元）		
	区域/省生态保护红线综合生态功能评价指数值		

参考文献

[1] 艾伟强，马林.草原生态红线划定评价指标体系的构建与探索 [J].
前沿，2017 (6)：80-85.

[2] 白伟岚，蒋依依，白羽.地市级风景名胜区体系规划在健全城市绿色基
础设施中的作用：以漳州市为例 [J].中国园林，2008 (9)：68-74.

[3] 陈先根，等.论生态红线概念的界定 [D].重庆：重庆大学，2016.

[4] 曹畅，车生泉.融合 MCR 模型的绿色基础设施适宜性评价：以上海市
青浦区练塘镇为例 [J].西北林学院学报，2020，35 (6)：304-312.

[5] 蔡邦成，温林泉，陆根法.生态补偿机制建立的理论思考 [J].生态
经济，2005 (1)：47-50.

[6] 曹明德.对建立生态补偿法律机制的再思考 [J].中国地质大学学报
(社会科学版)，2010 (5)：28-35.

[7] 蔡玉莹，于冰.基于 CVM 的海洋保护区生态补偿标准及影响因素研究：
以嵊泗马鞍列岛为例 [J].海洋环境科学，2021，40 (1)：107-113.

[8] 陈升，卢雅灵.社会资本、政治效能感与公众参与社会矛盾治理意
愿：基于结构方程模型的实证研究 [J].公共管理与政策评论，2021，
10 (2)：16-30.

[9] 蔡剑辉.论森林资源定价的理论基础 [J].北京林业大学学报 (社会
科学版)，2004 (3)：41-44.

[10] 程臻宇，侯效敏.生态补偿政策效率困境浅析 [J].环境与可持续发

展, 2015, 40 (3): 50 – 52.

[11] 池永宽, 等. 我国天然草地生态系统服务价值评估 [J]. 生态经济,
2015, 31 (10): 132 – 137.

[12] 陈海鹰, 杨桂华. 社区旅游生态补偿贡献度及意愿研究: 玉龙雪山
案例 [J]. 旅游学刊, 2015, 30 (8): 53 – 65.

[13] 陈美球, 邝佛缘, 鲁燕飞. 生计资本分化对农户宅基地流转意愿的
影响因素研究: 基于江西省的实证分析 [J]. 农林经济管理学报,
2018, 17 (1): 82 – 90.

[14] 邓海峰. 环境容量的准物权化及其权利构成 [J]. 中国法学, 2005
(4): 59 – 66.

[15] 董丽华, 等. 草原生态保护补助奖励政策实施效果评价: 基于宁夏
牧区农户的实证调查 [J]. 生态经济, 2019, 35 (3): 212 – 215.

[16] 杜富林, 宋良媛, 赵婷. 草原生态补奖政策实施满意度差异的比较
研究: 以锡林郭勒盟和阿拉善盟为例 [J]. 干旱区资源与环境,
2020, 34 (8): 80 – 87.

[17] 丁士军, 张银银, 马志雄. 被征地农户生计能力变化研究: 基于可
持续生计框架的改进 [J]. 农业经济问题, 2016, 37 (6): 25 – 34,
110 – 111.

[18] 杜丽永, 等. 运用 Spike 模型分析 CVM 中零响应对价值评估的影响:
以南京市居民对长江流域生态补偿的支付意愿为例 [J]. 自然资源学
报, 2013, 28 (6): 1007 – 1018.

[19] 邓鑫洋. 不确定环境下的博弈模型与群体行为动态演化 [D]. 重庆:
西南大学, 2016.

[20] 付喜娥. 绿色基础设施规划及对我国的启示 [J]. 城市发展研究,
2015, 22 (4): 52 – 58.

[21] 付喜娥. 基于条件价值法的绿色基础设施社会效用评估: 以苏州金
鸡湖景区为例 [J]. 中国园林, 2019, 35 (10): 46 – 50.

[22] 符娜. 土地利用规划的生态红线区的划分方法研究——以云南省为例 [D]. 北京：北京师范大学，2008.

[23] 方福前，吕文慧. 中国城镇居民福利水平影响因素分析——基于阿马蒂亚·森的能力方法和结构方程模型 [J]. 管理世界，2009 (4)：17 – 26.

[24] 冯·诺依曼，摩根斯坦. 博弈论与经济行为 [M]. 北京：北京大学出版社，2018.

[25] 高吉喜，等. 探索我国生态保护红线划定与监管 [J]. 生物多样性，2015，23 (6)：705 – 707.

[26] 高太忠，等. 河北省环境综合承载力研究 [J]. 金属矿山，2010 (2)：137 – 140，162.

[27] 巩芳. 草原生态四元补偿主体模型的构建与演进研究 [J]. 干旱区资源与环境，2015，29 (2)：21 – 26.

[28] 高文军，郭根龙，石晓帅. 基于演化博弈的流域生态补偿与监管决策研究 [J]. 环境科学与技术，2015，38 (1)：183 – 187.

[29] 高进云，乔荣锋，张安录. 农地城市流转前后农户福利变化的模糊评价：基于森的可行能力理论 [J]. 管理世界，2007 (6)：45 – 55.

[30] 郭新华，刘辉，伍再华. 收入不平等与家庭借贷行为：家庭为追求社会地位而借贷的动机真的存在吗 [J]. 经济理论与经济管理，2016 (5)：84 – 99.

[31] 胡炳旭，等. 京津冀城市群生态网络构建与优化 [J]. 生态学报，2018，38 (12)：4383 – 4392.

[32] 韩琪瑶. 基于生态安全格局的哈尔滨市阿城区生态保护红线规划研究 [D]. 哈尔滨：哈尔滨工业大学，2016.

[33] 何秋萍. 珠江资源环境承载力指标体系构建 [J]. 中国农业资源与区划，2018，39 (7)：99 – 105.

[34] 洪阳，叶文虎. 可持续环境承载力的度量及其应用 [J]. 中国人口·

资源与环境, 1998 (3): 57 – 61.

[35] 黄立洪, 柯庆明, 林文雄. 生态补偿机制的理论分析 [J]. 中国农业科技导报, 2005 (3): 7 – 9.

[36] 胡振通. 中国草原生态补偿机制 [D]. 北京: 中国农业大学, 2016.

[37] 胡振通, 等. 基于机会成本法的草原生态补偿中禁牧补助标准的估算 [J]. 干旱区资源与环境, 2017, 31 (2): 63 – 68.

[38] 胡振通, 等. 草原生态补偿: 减畜和补偿的对等关系 [J]. 自然资源学报, 2015, 30 (11): 1846 – 1859.

[39] 胡振通, 柳荻, 靳乐山. 草原生态补偿: 生态绩效、收入影响和政策满意度 [J]. 中国人口·资源与环境, 2016, 26 (1): 165 – 176.

[40] 胡海川, 张心灵, 冯丽丽. 会计视角下草原生态补偿标准确定体系研究 [J]. 会计之友, 2018 (2): 40 – 44.

[41] 郝春旭, 等. 基于利益相关者的赤水河流域市场化生态补偿机制设计 [J]. 生态经济, 2019, 35 (2): 168 – 173.

[42] 洪尚群, 马丕京, 郭慧光. 生态补偿制度的探索 [J]. 环境科学与技术, 2001 (5): 40 – 43.

[43] 韩枫, 朱立志. 基于草原生态建设的牧户满意度分析: 以甘南草原为例 [J]. 农业技术经济, 2017 (3): 120 – 128.

[44] 靳乐山, 吴乐. 中国生态补偿十对基本关系 [J]. 环境保护, 2019, 47 (22): 36 – 43.

[45] 金正庆, 孙泽生. 生态补偿机制构建的一个分析框架: 兼以流域污染治理为例 [J]. 中央财经大学学报, 2008 (1): 54 – 58, 64.

[46] 贾舒娴, 黄健柏, 钟美瑞. 生态文明体制构建下的金属矿产开发生态补偿利益均衡研究 [J]. 中国管理科学, 2017, 25 (11): 122 – 133.

[47] 蒋高明. 社会 – 经济 – 自然复合生态系统 [J]. 绿色中国, 2018 (12): 52 – 55.

[48] 冀县卿, 钱忠好. 失地农民城市适应性影响因素分析: 基于江苏省

的调查数据 [J]. 中国农村经济, 2011 (11): 23 – 35, 61.

[49] 孔德帅, 胡振通, 靳乐山. 草原生态补偿机制中的资金分配模式研究: 基于内蒙古 34 个嘎查的实证分析 [J]. 干旱区资源与环境, 2016, 30 (5): 1 – 6.

[50] 李干杰. "生态保护红线": 确保国家生态安全的生命线 [J]. 求是, 2014 (2): 44 – 46.

[51] 刘珍环, 等. 基于不透水表面指数的城市地表覆被格局特征: 以深圳市为例 [J]. 地理学报, 2011, 66 (7): 961 – 971.

[52] 林勇, 等. 生态红线划分的理论和技术 [J]. 生态学报, 2016, 36 (5): 1244 – 1252.

[53] 刘海龙. 连接与合作: 生态网络规划的欧洲及荷兰经验 [J]. 中国园林, 2009, 25 (9): 31 – 35.

[54] 李凯, 等. 景观规划导向的绿色基础设施研究进展: 基于"格局 – 过程 – 服务 – 可持续性"研究范式 [J]. 自然资源学报, 2021, 36 (2): 435 – 448.

[55] 李镜, 等. 岷江上游生态补偿的博弈论 [J]. 生态学报, 2008 (6): 2792 – 2798.

[56] 刘子飞, 于法稳. 长江流域渔民退捕生态补偿机制研究 [J]. 改革, 2018 (11): 108 – 116.

[57] 林秀珠, 等. 基于机会成本和生态系统服务价值的闽江流域生态补偿标准研究 [J]. 水土保持研究, 2017, 24 (2): 314 – 319.

[58] 刘旭霞, 刘鑫. 内蒙古自治区乌拉特草原生态补偿法律问题实地调研研究 [J]. 法制博览, 2015 (10): 119 – 120.

[59] 李平, 等. 草原生态补奖政策问题与建议 [J]. 中国草地学报, 2017, 39 (1): 1 – 6.

[60] 李静. 我国草原生态补偿制度的问题与对策: 以甘肃省为例 [J]. 草业科学, 2015, 32 (6): 1027 – 1032.

[61] 李武艳,等.农户耕地保护补偿方式选择偏好分析 [J].中国土地科学,2018,32 (7):42-48.

[62] 李健,王庆山.政策企业家视角下碳配额决策及违约惩罚的演化博弈分析 [J].软科学,2015,29 (9):121-126.

[63] 罗媛月,张会萍,肖人瑞.草原生态补奖实现生态保护与农户增收双赢了吗?:来自农牧交错带的证据 [J].农村经济,2020 (2):74-82.

[64] 罗伯特·吉本斯,等.博弈论基础 [M].北京:中国社会科学出版社,1999.

[65] 李昌峰,等.基于演化博弈理论的流域生态补偿研究:以太湖流域为例 [J].中国人口·资源与环境,2014,24 (1):171-176.

[66] 李宁,王磊,张建清.基于博弈理论的流域生态补偿利益相关方决策行为研究 [J].统计与决策,2017 (23):54-59.

[67] 李国平,李潇,汪海洲.国家重点生态功能区转移支付的生态补偿效果分析 [J].当代经济科学,2013,35 (5):58-64,126.

[68] 罗成,蔡银莺,朱兰兰.耕地保护经济补偿方式的农户选择响应:以成都市为例 [J].中国水土保持科学,2015,13 (6):125-132.

[69] 刘小庆.房地产项目投资效率优化研究 [D].南京:南京理工大学,2008.

[70] 李广东,等.基于忠县农户调查的耕地保护经济补偿机制需求分析 [J].中国土地科学,2010,24 (9):33-39.

[71] 李海燕,蔡银莺.生计资本对农户参与耕地保护意愿的影响:以成都市永安镇、金桥镇,崇州市江源镇为例 [J].冰川冻土,2015,37 (2):545-554.

[72] 刘博,谭淑豪.社会资本与年轻牧民草地租赁行为 [J].干旱区资源与环境,2019,33 (6):46-54.

[73] 马楠,等.基于 Sepls 模型的 Giahs 恢复力评估框架及其在保护成效评估中的应用 [J].中国生态农业学报(中英文),2020,28 (9):

1361 – 1369.

[74] 闵庆文, 马楠. 生态保护红线与自然保护地体系的区别与联系 [J]. 环境保护, 2017, 45 (23): 26 – 30.

[75] 马超群. 环境容量研究 [D]. 西安: 西北大学, 2003.

[76] 毛显强, 钟瑜, 张胜. 生态补偿的理论探讨 [J]. 中国人口·资源与环境, 2002, 12 (4): 40 – 43.

[77] 毛德华, 等. 基于能值分析的洞庭湖区退田还湖生态补偿标准 [J]. 应用生态学报, 2014, 25 (2): 525 – 532.

[78] 穆松林. 1982—2014 年内蒙古自治区温带草原生态系统服务价值及其空间分布 [J]. 干旱区资源与环境, 2016, 30 (10): 76 – 81.

[79] 马世骏, 王如松. 社会 – 经济 – 自然复合生态系统 [J]. 生态学报, 1984, 1: 1 – 9.

[80] 马晓茗, 张安录. 农户征地补偿满意度的区域差异性分析 [J]. 华南农业大学学报 (社会科学版), 2016, 15 (6): 58 – 69.

[81] 倪绍祥, 陈传康. 我国土地评价研究的近今进展 [J]. 地理学报, 1993 (1): 75 – 83.

[82] 牛志伟, 邹昭晞. 农业生态补偿的理论与方法: 基于生态系统与生态价值一致性补偿标准模型 [J]. 管理世界, 2019, 35 (11): 133 – 143.

[83] 欧阳志云, 王如松, 赵景柱. 生态系统服务功能及其生态经济价值评价 [J]. 应用生态学报, 1999 (5): 635 – 640.

[84] 彭建, 等. 区域生态安全格局构建研究进展与展望 [J]. 地理研究, 2017, 36 (3): 407 – 419.

[85] 潘鹤思, 李英, 柳洪志. 央地两级政府生态治理行动的演化博弈分析: 基于财政分权视角 [J]. 生态学报, 2019, 39 (5): 1772 – 1783.

[86] 卿凤婷, 彭羽. 基于 RS 和 GIS 的北京市顺义区生态网络构建与优化 [J]. 应用与环境生物学报, 2016, 22 (6): 1074 – 1081.

[87] 齐亚彬. 资源环境承载力研究进展及其主要问题剖析 [J]. 中国国土

资源经济，2005（5）：7 – 11，46.

[88] 乔蕻强，陈英. 基于结构方程模型的征地补偿农户满意度影响因素研究 [J]. 干旱区资源与环境，2016，30（1）：25 – 30.

[89] 丘水林，靳乐山. 生态保护红线区生态补偿：实践进展与经验启示 [J]. 经济体制改革，2021（4）：43 – 49.

[90] 任立，等. 城市近郊区农户农地感知价值对其投入行为影响研究：以武汉、鄂州两地典型样本调查为例 [J]. 中国土地科学，2018，32（1）：42 – 50.

[91] 苏同向，王浩. 生态红线概念辨析及其划定策略研究 [J]. 中国园林，2015，31（5）：75 – 79.

[92] 孙逊，等. 基于城镇绿地生态网络构建的自然景观保护恢复技术与网络规划 [J]. 中国园林，2013，29（10）：34 – 39.

[93] 邵大伟，刘志强，王俊帝. 国外绿色基础设施研究进展述评及其启示 [J]. 规划师，2016，32（12）：5 – 11.

[94] 宋敏，等. 生态补偿机制建立的理论分析 [J]. 理论界，2008（5）：6 – 8.

[95] 粟晏，赖庆奎. 国外社区参与生态补偿的实践及经验 [J]. 林业与社会，2005（4）：40 – 44.

[96] 孙涛，欧名豪. 计划行为理论框架下农村居民点整理意愿研究 [J]. 华中农业大学学报（社会科学版），2020（2）：118 – 126，168.

[97] 尚海洋，苏芳. 生态补偿方式对农户生计资本的影响分析 [J]. 冰川冻土，2012，34（4）：983 – 989.

[98] 史玉丁，李建军. 乡村旅游多功能发展与农村可持续生计协同研究 [J]. 旅游学刊，2018，33（2）：15 – 26.

[99] 陶建格. 生态补偿理论研究现状与进展 [J]. 生态环境学报，2012，21（4）：786 – 792.

[100] 唐增，等. 生态补偿标准的确定：最小数据法及其在民勤的应用

[J]. 冰川冻土, 2010 (5): 1044 – 1048.

[101] 田红灯, 等. 贵阳市公益林生态效益价值及补偿标准 CVM 评估 [J]. 中南林业科技大学学报, 2013, 33 (8): 122 – 128.

[102] 王金南, 等. 构建国家环境红线管理制度框架体系 [J]. 环境保护, 2014, 42 (Z1): 26 – 29.

[103] 王应临, 赵智聪. 自然保护地与生态保护红线关系研究 [J]. 中国园林, 2020, 36 (8): 20 – 24.

[104] 万军, 等. 城市生态保护红线划定方法与实践 [J]. 环境保护科学, 2015, 41 (1): 6 – 11, 50.

[105] 王海珍, 张利权. 基于 GIS、景观格局和网络分析法的厦门本岛生态网络规划 [J]. 植物生态学报, 2005 (1): 144 – 152.

[106] 吴未, 郭杰, 吴祖宜. 城市生态网络与效能规划 [J]. 地域研究与开发, 2002 (2): 51 – 53.

[107] 邬建国. 生态学范式变迁综论 [J]. 生态学报, 1996 (5): 449 – 457.

[108] 王波, 邹洋. 新时期生态补偿与民族地区乡村振兴协调发展研究 [J]. 农村经济, 2019 (10): 30 – 37.

[109] 王一超, 等. 农户退耕还林生态补偿预期及其影响因素: 以哈巴湖自然保护区和六盘山自然保护区为例 [J]. 干旱区资源与环境, 2017, 31 (8): 69 – 75.

[110] 王国灿. 世界银行在浙江省钱塘江流域小城镇水环境治理项目中的表现与支持经验研究 [J]. 中国国际财经 (中英文), 2017 (2): 111 – 113.

[111] 王丹, 黄季焜. 草原生态保护补助奖励政策对牧户非农就业生计的影响 [J]. 资源科学, 2018, 40 (7): 1344 – 1353.

[112] 吴乐, 靳乐山. 贫困地区不同方式生态补偿减贫效果研究: 以云南省两贫困县为例 [J]. 农村经济, 2019 (10): 70 – 77.

[113] 韦惠兰, 祁应军. 基于 CVM 的牧户对减畜政策的受偿意愿分析 [J]. 干旱区资源与环境, 2017, 31 (3): 45-50.

[114] 温宁, 周慧, 张红丽. 农户农田防护林经营行为响应的影响因素研究: 基于新疆 1106 份农户调查数据 [J]. 林业经济, 2021, 43 (2): 71-83.

[115] 王如松, 欧阳志云. 社会-自然-经济复合生态系统于可持续发展 [J]. 中国科学院院刊, 2012 (3): 337-345.

[116] 王安涛, 吴郁玲. 农户耕地保护补偿意愿的影响因素研究 [J]. 国土资源科技管理, 2013, 30 (1): 78-83.

[117] 王青瑶, 马永双. 湿地生态补偿方式探讨 [J]. 林业资源管理, 2014 (3): 27-32.

[118] 乌云花, 等. 牧民生计资本与生计策略关系研究: 以内蒙古锡林浩特市和西乌珠穆沁旗为例 [J]. 农业技术经济, 2017 (7): 71-77.

[119] 谢于松, 等. 四川省主要城市市域绿色基础设施形态学空间分析及景观组成研究 [J]. 中国园林, 2019, 35 (7): 107-111.

[120] 徐素波, 王耀东, 耿晓媛. 生态补偿: 理论综述与研究展望 [J]. 林业经济, 2020, 42 (3): 14-26.

[121] 谢先雄, 赵敏娟, 蔡瑜. 生计资本对牧民减畜意愿的影响分析: 基于内蒙古 372 户牧民的微观实证 [J]. 干旱区资源与环境, 2019, 33 (6): 55-62.

[122] 袁端端. 生态红线: 概念未落地 部门争画线 [J]. 协商论坛, 2014 (1): 23-24.

[123] 杨秋侠, 李学良. 基于效益-成本的绿色基础设施规模设计 [J]. 水资源保护, 2018, 34 (1): 36-41, 49.

[124] 喻忠磊, 等. 国土空间开发建设适宜性评价研究进展 [J]. 地理科学进展, 2015, 34 (9): 1107-1122.

[125] 杨欣, 蔡银莺. 农田生态补偿方式的选择及市场运作: 基于武汉市

383 户农户问卷的实证研究 [J]. 长江流域资源与环境, 2012, 21 (5): 591 – 596.

[126] 叶晗, 等. 我国牧区草原生态补偿机制构建研究 [J]. 中国农业资源与区划, 2020, 41 (12): 202 – 209.

[127] 杨爱平, 杨和焰. 国家治理视野下省际流域生态补偿新思路: 以皖、浙两省的新安江流域为例 [J]. 北京行政学院学报, 2015 (3): 9 – 15.

[128] 杨光明, 时岩钧. 基于演化博弈的长江三峡流域生态补偿机制研究 [J]. 系统仿真学报, 2019, 31 (10): 2058 – 2068.

[129] 尹奇, 马璐璐, 王庆日. 基于森的功能和能力福利理论的失地农民福利水平评价 [J]. 中国土地科学, 2010, 24 (7): 41 – 46.

[130] 余霜, 李光, 冉瑞平. 基于 Logistic-ISM 模型的喀斯特地区农户耕地保护行为影响因素分析 [J]. 地理与地理信息科学, 2014, 30 (3): 140 – 144, 149.

[131] 邹长新, 等. 生态保护红线的内涵辨析与统筹推进建议 [J]. 环境保护, 2015, 43 (24): 54 – 57.

[132] 郑华, 欧阳志云. 生态红线的实践与思考 [J]. 中国科学院院刊, 2014, 29 (4): 457 – 461, 448.

[133] 闫水玉, 杨会会, 王昕皓. 重庆市域生态网络构建研究 [J]. 中国园林, 2018, 34 (5): 57 – 63.

[134] 郑云辰, 等. 流域多元化生态补偿分析框架: 补偿主体视角 [J]. 中国人口·资源与环境, 2019, 29 (7): 131 – 139.

[135] 张路, 欧阳志云, 徐卫华. 系统保护规划的理论、方法及关键问题 [J]. 生态学报, 2015, 35 (4): 1284 – 1295.

[136] 詹姆斯·希契莫夫, 刘波, 杭烨. 城市绿色基础设施中大规模草本植物群落种植设计与管理的生态途径 [J]. 中国园林, 2013, 29 (3): 16 – 26.

[137] 宗菲，曹磊，叶郁．产业园区的绿色基础设施设计原则初探——以象山产业区城东工业园景观方案为例［J］．建筑学报，2013（S1）：153－157.

[138] 曾维华，等．人口、资源与环境协调发展关键问题之一：环境承载力研究［J］．中国人口·资源与环境，1991（2）：33－37.

[139] 庄国泰，高鹏，王学军．中国生态环境补偿费的理论与实践［J］．中国环境科学，1995（6）：413－418.

[140] 周升强，赵凯．农牧民感知视角下草原生态补奖政策实施绩效评价：以北方农牧交错区为例［J］．干旱区资源与环境，2021，35（11）：47－54.

[141] 赵天瑶，等．基于 CVM 的荆州市稻田生态系统的景观休闲旅游价值评价［J］．长江流域资源与环境，2015，24（3）：498－503.

[142] 朱凯宁，高清，靳乐山．西南贫困地区农户生活垃圾治理支付意愿研究［J］．干旱区资源与环境，2021，35（4）：54－62.

[143] 赵景柱．社会－经济－自然复合生态系统持续发展评价指标的理论研究［J］．生态学报，1995（3）：127，327－330.

[144] 张文明，张孝德．生态资源资本化：一个框架性阐述［J］．改革，2019（1）：122－131.

[145] 张群．草原工矿业开发与牧民可持续生计研究：基于发展型社会政策逻辑［J］．中央民族大学学报（哲学社会科学版），2021，48（2）：95－104，159.

[146] 周小平，李小天，黄烈佳，等．耕地保护补偿资金分配认知及其影响因素探究：基于全国 563 份地方国土管理人员调查问卷的实证分析［J］．中国土地科学，2018，32（2）：6－11.

[147] 周永军．流域污染跨界补偿机制演化机理研究［J］．统计与决策，2015（1）：54－58.

[148] Ahern J. Greenways as a planning strategy ［J］. Landscape and Urban

Planning, 1995, 33 (1): 131-155.

[149] Biondi E, et al. Natura 2000 and the Pan-European ecological network: A new methodology for data integration [J]. Biodiversity & Conservation. 2012, 21 (7): 1741-1754.

[150] Cook E A. Landscape structure indices for assessing urban ecological networks [J]. Landscape Urban Plan, 2002, 58, 269-280.

[151] Engel L S, Pagiola S, Wunder S. Designing payments for environmental services in theory and practice: An overview of the issues [J]. Ecological Economics, 2008, 65 (4): 663-674.

[152] Ferreira J G, et al. Ecological carrying capacity for shellfish aquaculture—sustainability of naturally occurring filter-feeders and cultivated bivalves [J]. Journal of Shellfish Research. 2018, 37 (4): 709-726.

[153] Green C D. All That Glitters: A review of psychological research on the aesthetics of the golden section [J]. Perception, 1995, 24 (8): 937-968.

[154] Gunawardhana L N, Kazama S, Kawagoe S. Impact of urbanization and climate change on aquifer thermal regimes [J]. Water resources management, 2011, 25 (13): 3247-3276.

[155] Guo XD, et al. Multi-dimensional eco-land classification and management for implementing the ecological redline policy in China [J]. Land Use Policy, 2018, 74: 15-31.

[156] Gaston KJ, et al. The ecological effectiveness of protected areas: The United Kingdom [J]. Biological Conservation, 2006, 132 (1): 76-87.

[157] Hector A, Bagchi R. Biodiversity and ecosystem multifunctionality [J]. Nature, 2007, 448, 188-190.

[158] Hess G R, Fischer R A. Communicating clearly about conservation corridors [J]. Landscape and Urban Planning, 2001, 55 (3): 195-208.

[159] Jongman R H, KülvikM, Kristianse I. European ecological networks and greenways [J]. Landscape and Urban Planning, 2004, 68 (2): 305 – 309.

[160] Hou L L et al. Grassland ecological compensation policy in China improves grassland quality and increases herders' income [J]. Nature Communications, 2021 (1): 4683.

[161] Johnson N L, Baltodano M E. The economics of community watershed management: Some evidence from Nicaragua [J]. Ecological Economics, 2004, 49 (1): 57 – 71.

[162] Linehan J, Gross M, Finn J. Greenway planning: Developing a landscape ecological network approach [J]. Landscape and Urban Planning, 1995, 33 (1): 179 – 193.

[163] Margules C R, Pressey R L. Systematic conservation planning [J]. Nature, 2000, 405: 243 – 253.

[164] Ouyang Z, et al. Improvements in ecosystem services from investments in natural capital [J]. Science, 2016, 352 (6292): 1455 – 1459.

[165] Pascual-Hortal L, Saura S. Comparison and development of new graph-based land scape connectivity indices: Towards the priorization of habitat patches and corridors for conservation [J]. Landscape Ecology, 2006, 21 (7): 959 – 967.

[166] Tacconi L. Redefining payments for environmental services [J]. Ecological Economics, 2012, 73: 29 – 36.

[167] Van Selm A J. Ecological infrastructures conceptual framework for designing habitat networks [C]. Paderborn: Ferdinand Schoningh, 1988, 29: 63 – 66.

[168] Zetterberg A, Mörtberg U M, Balfors B. Making graph theory operational for landscape ecological assessments, planning, and design [J]. Landscape and Urban Planning, 2010, 95 (4): 181 – 191.